Formeln, Zeichen und Symbole

Jetzt diesen Titel zusätzlich als E-Book downloaden und 70 % sparen!

Als Käufer dieses Buchtitels haben Sie Anspruch auf ein besonderes Kombi-Angebot: Sie können den Titel zusätzlich zum Ihnen vorliegenden gedruckten Exemplar für nur 30 % des Normalpreises als E-Book beziehen.

Der BESONDERE VORTEIL: Im E-Book recherchieren Sie in Sekundenschnelle die gewünschten Themen und Textpassagen. Denn die E-Book-Variante ist mit einer komfortablen Volltextsuche ausgestattet!

Deshalb: Zögern Sie nicht. Laden Sie sich am besten gleich Ihre persönliche E-Book-Ausgabe dieses Titels herunter.

In 3 einfachen Schritten zum E-Book:

❶ Rufen Sie die Website **www.beuth.de/e-book** auf.

❷ Geben Sie hier Ihren persönlichen, nur einmal verwendbaren E-Book-Code ein:

29172F0FD20DK31

❸ Klicken Sie das „Download-Feld" an und gehen dann weiter zum Warenkorb. Führen Sie den normalen Bestellprozess aus.

Hinweis: Der E-Book-Code wurde individuell für Sie als Erwerber dieses Buches erzeugt und darf nicht an Dritte weitergegeben werden. Mit Zurückziehung dieses Buches wird auch der damit verbundene E-Book-Code für den Download ungültig.

Franz Josef Drexler
Michael Krystek

Formeln, Zeichen und Symbole

Einführung in DIN EN ISO 80000-2

1. Auflage 2019

Herausgeber:
DIN Deutsches Institut für Normung e. V.

Beuth Verlag GmbH · Berlin · Wien · Zürich

Herausgeber: DIN Deutsches Institut für Normung e. V.

© 2019 Beuth Verlag GmbH
Berlin · Wien · Zürich
Saatwinkler Damm 42/43
13627 Berlin

Telefon: +49 30 2601-0
Telefax: +49 30 2601-1260
Internet: www.beuth.de
E-Mail: info@beuth.de

Titelbild: © Fernando Batista – mit Genehmigung von Shutterstock.com
Satz: Autor
Druck: Drukarnia LEYKO, Krakow
Gedruckt auf säurefreiem, alterungsbeständigem Papier nach DIN EN ISO 9706

ISBN 978-3-410-29172-5
ISBN 978-3-410-29173-2 (E-Book)

Vorwort

Dieses Buch wendet sich zunächst und vor allem an Physiker, Ingenieure und Techniker, die wissenschaftliche Artikel und Bücher über ihr Arbeitsgebiet oder technische Dokumentationen schreiben und dabei mathematische Zeichen und Symbole verwenden. Es führt in den international genormten mathematischen Formalismus nach DIN EN ISO 80000-2 ein und erläutert anhand vieler Beispiele dessen Verwendung. Es macht auch auf häufig vorkommende Fehler und Ungenauigkeiten bei der Anwendung mathematischer Zeichen und Symbole aufmerksam und hilft sie zu vermeiden.

Das Buch wendet sich auch an Studierende naturwissenschaftlich-mathematischer Ausbildungsrichtungen, sowie an die Lehrerinnen und Lehrer der Fächer Mathematik, Informatik, Naturwissenschaften und Technik an weiterführenden Schulen. Sie erhalten dadurch Sicherheit im Umgang mit mathematischen Zeichen und Symbolen. Speziell für die letzte Gruppe sind auch Fußnoten eingefügt, welche die Wortherkunft der Namen und Begriffe erläutern, sowie biografische Hinweise auf Mathematiker geben.

Der Anhang enthält drei Verzeichnisse. Das erste Verzeichnis ist eine Zusammenstellung der genormten mathematischen Zeichen mit Verweisen auf die entsprechenden Nummern in DIN EN ISO 80000-2 und die zugehörigen Unicodes. Es stellt Autoren alle Zeichen rasch zur Verfügung. Das zweite Verzeichnis enthält die mathematischen Symbole mit Verweisen auf ihre entsprechenden Nummern in DIN EN ISO 80000-2. Das dritte Verzeichnis listet alle mathematischen Sachverhalte auf, für die es mehr als ein Zeichen oder Symbol gibt und stellt die Alternativen gegenüber.

Kochel am See, im Dezember 2018
Franz Josef Drexler

Berlin, im Dezember 2018
Michael Krystek

Inhaltsverzeichnis

1 Einleitung

Die vorherrschende Meinung unter Wissenschaftlern, Ingenieuren und Technikern[1] ist, dass mathematische Texte mit Zeichen und Symbolen niedergeschrieben werden, die stets eindeutig sind und von allen Mathematikern weltweit mit der gleichen Bedeutung verwendet werden. Wenn das tatsächlich so wäre, dann wäre es nicht notwendig, am Anfang jeder Publikation erst einmal zu erklären, welche Bedeutung die verwendeten Zeichen und Symbole haben, damit der Leser den Inhalt verstehen kann. Leider gilt das aber oft nur eingeschränkt, denn häufig unterbleibt die Definition der Zeichen und Symbole, sodass der Leser gezwungen ist, die Bedeutung aus dem Zusammenhang zu erschließen, wenn er denn dazu in der Lage ist. Wenn z. B. in einer Publikation das Zeichen $\mathbb{N}$ für die Menge der natürlichen Zahlen verwendet wird, bleibt unklar, ob der Verfasser die Null dazu zählt oder nicht. Ähnlich ist es beim Symbol log, das manchmal auch zur Bezeichnung des natürlichen Logarithmus verwendet wird.

Häufig gibt es für einen Sachverhalt mehrere Zeichen oder Symbole, die parallel verwendet werden können, ohne dass Missverständnisse entstehen, wie z. B. $\{\}$ oder $\varnothing$ für die leere Menge, $\vec{x}$ oder $\boldsymbol{x}$ für Vektoren, $\vec{u} \cdot \vec{v}$ oder $\langle \boldsymbol{u},\boldsymbol{v} \rangle$ für das Skalarprodukt und $f'(x)$ oder $\frac{\mathrm{d}f(x)}{\mathrm{d}x}$ für den Term der Ableitungsfunktion. Welches der möglichen Zeichen oder Symbole ein Autor verwenden möchte, bleibt ihm überlassen.

Es gibt auch Zeichen, die gleichzeitig für zwei unterschiedliche Sachverhalte stehen, wie z. B. das Zeichen $\times$ für das Vektorprodukt und das kartesische Produkt oder die Betragsstriche für den Betrag einer Zahl und die Mächtigkeit einer Menge.

Zwei Zeichen allerdings spalten die Welt der Anwender: das Dezimaltrennzeichen (Komma oder Punkt) und das Multiplikationszeichen (halbhoher Punkt oder Kreuz). Im ersten Fall wird es wohl weltweit keine Einheitlichkeit geben, im zweiten beginnt das Pendel in Richtung des Multiplikationspunkts auszuschlagen, ohne dass eine Einheitlichkeit in Sicht ist, zumal einige Autoren aus dem angelsächsischen Sprachraum den Dezimalpunkt sogar halbhoch wie den Multiplikationspunkt schreiben, obwohl diese Schreibweise seit langem veraltet ist und nicht den heutigen Regeln entspricht.

[1] In diesem Buch wird aus Gründen der besseren Lesbarkeit überwiegend die männliche Form verwendet. Sie bezieht sich aber stets auf Personen beiderlei Geschlechts.

Wenn es um Funktionen geht, findet sich leider auch in renommierten Zeitschriften ein wüstes Durcheinander der Begriffe. Vor allem wird oft nicht zwischen den Begriffen „Funktion“, „Funktionsterm“, „Funktionsgleichung“ und „Funktionsgraph“ („Graph“[1]) unterschieden. Das überträgt sich dann auch auf Ableitungen und Integrale.

In diesem Buch wird an den entsprechenden Stellen auf diese Probleme hingewiesen und es werden Vorschläge gemacht, welche Zeichen und Symbole in diesen Fällen am besten geeignet sind. Selbstverständlich ist es jedem Autor freigestellt, die Zeichen und Symbole zu verwenden, die er bevorzugt oder sogar vollkommen neue zu erfinden. Die Lesbarkeit einer Publikation wird dadurch aber in der Regel nicht besser und es sollte auch bedacht werden, dass sich mancher Leser möglicherweise nur die Kernaussagen anschaut und dabei Textstellen überspringt, in denen die im übrigen Text verwendeten Zeichen und Symbole definiert werden.

[1] Anstelle von „Graph“ (einer Funktion) darf nach der neuen Rechtschreibung auch „Graf“ geschrieben werden. Wir verwenden in diesem Buch aber durchgängig die vorrangig empfohlene Schreibweise „Graph“, konform zum Regelwerk des Rats der deutschen Rechtschreibung 2006.

2 Formelschreibweise und Formelsatz

> Wenn dies auch nicht von großer Wichtigkeit scheinen möchte, da es hauptsächlich auf der von mir in die Rechnung eingeführten Bezeichnungsweise dieser Größen beruht …, so hat doch eben diese Art der Bezeichnung nachmals der ganzen Analysis so große Hilfsmittel verschafft, dass dadurch ein fast neues Feld erschlossen wurde …
>
> Leonard Euler, 1760

Dieses Buch handelt von den mathematischen Zeichen und Symbolen. Die in den nationalen und internationalen Normen festgelegten Regeln zur Darstellung von Zeichen und Symbolen und die Schreibweise von Formeln, die im Folgenden kurz vorgestellt werden sollen, sind sehr hilfreich, um ein einheitliches Druckbild bei Veröffentlichungen zu erhalten und die Lesbarkeit zu verbessern. Weitere Hinweise zur Formelschreibweise und zum Formelsatz finden sich in DIN 1338:1998.

Bei allen Fonts gibt es die Möglichkeit der Darstellung von Buchstaben, Ziffern und Sonderzeichen in aufrecht stehender oder kursiver Schreibweise. Dieser Unterschied wird bei der Darstellung mathematischer Zeichen und Symbole ausgenutzt.

Alle Variablen, wie z. B. x, y, z, sowie alle Laufindizes, wie in $\sum_{i=1}^{n} x_i$, werden kursiv geschrieben. Das gilt auch für alle Parameter und die Zeichen für Funktionen, wie z. B. die Buchstaben a und f in dem Ausdruck $f_a(x) = x^a$.

Ziffern und durch Ziffern wiedergegebene Zahlen werden immer aufrecht stehend geschrieben, wie z. B. 0,14; $1{,}25 \cdot 10^{-3}$; 2/3. Dasselbe gilt auch für die Symbole aller explizit definierten Funktionen, wie z. B. sin; exp; log; Γ, und die aller mathematischen Konstanten, wie z. B. $\mathrm{e} = 2{,}718\,281\,8\ldots$ (Eulersche Konstante), $\pi = 3{,}141\,592\,65\ldots$ (Kreiszahl) und $\gamma = 0{,}577\,215\,6\ldots$ (Euler-Mascheroni-Konstante).

Symbole für Operatoren werden stets aufrecht stehend geschrieben, wie z. B. grad; div; rot. Das gilt auch für alle Buchstaben, die Ableitungen symbolisieren, wie z. B. der Buchstabe d in $\mathrm{d}f/\mathrm{d}x$, und für die speziellen Symbole ∂; $\vec{\nabla}$ und Δ.

Das häufigste Symbol für eine Klammer[1] ist die runde Klammer ( ). Daneben gibt es auch die geschweifte Klammer { } und die eckige Klammer [ ], die aber möglichst nicht zur Gliederung mathematischer Formeln verwendet werden sollten, da sie bereits eine bestimmte Bedeutung haben, wie z. B. als Mengen- bzw. Intervallklammer. Klammern können geschachtelt werden, wie z. B. $3\big(a - 2(b + c)\big)$, wobei ihre Größe der leichteren Lesbarkeit wegen auch von innen nach außen zunehmen kann.

Das Argument einer Funktion wird immer in eine Klammer geschrieben, die ohne Abstand hinter dem Symbol für die Funktion steht, wie z. B. bei $f(x)$ oder $\cos(\omega t + \varphi)$. Enthält das Argument einer explizit definierten Funktion kein Rechenzeichen, dann darf die Klammer auch weggelassen werden. Stattdessen wird dann zwischen dem Symbol für die Funktion und dem Argument ein schmales Leerzeichen eingefügt, wie z. B. bei $\cos x$ oder $\log 2$. Ist dadurch die Gefahr einer Verwechslung gegeben, dann muss das Argument in eine Klammer gesetzt werden. So ist z. B. $\sin(x) - y$ anstelle von $\sin x - y$ zu schreiben, um die Verwechslung mit $\sin(x - y)$ auszuschließen.

In einer Auflistung von mathematischen Symbolen werden entweder das Semikolon oder das Komma als Trennzeichen verwendet, wobei das Semikolon vorzuziehen ist, da die Verwendung des Kommas die Lesbarkeit beeinträchtigen könnte oder es sogar zu einer Verwechslung mit dem Komma als Dezimaltrennzeichen kommen kann, wenn Zahlen in der Auflistung auftreten. Im Gegensatz zum Komma findet das Semikolon in Fließtexten sonst selten Verwendung.

Um die Lesbarkeit von Zahlen mit vielen Ziffern zu erhöhen, sollte nach jeder dritten Ziffer, beidseitig vom Dezimaltrennzeichen ausgehend, stets ein schmales Leerzeichen eingefügt werden, wie z. B. in $x = 23\,548{,}001\,28$. Der Punkt sollte grundsätzlich nicht als Trennzeichen für Gruppen von Tausendern verwendet werden.

Manchmal sind Terme oder Gleichungen so lang, dass sie nicht mehr in eine Zeile passen und deshalb umgebrochen werden müssen. Der Umbruch sollte stets unmittelbar nach einem Rechen- oder Gleichheitszeichen erfolgen, denn durch das Zeichen am Ende einer Zeile wird unmissverständlich signalisiert, dass der Term oder die Gleichung in der nächsten Zeile, die sich möglicherweise sogar auf der nächsten Seite befindet, noch fortgesetzt wird. Das Zeichen, nach dem die Trennung erfolgt ist, darf aber in der nächsten Zeile keinesfalls wiederholt werden. Außerdem sollte jede Trennung innerhalb einer Klammer möglichst vermieden werden.

[1]In vielen Texten finden wir bedauerlicherweise Aussagen der Art „der Term muss in Klammern gesetzt werden" oder ähnliches. Korrekterweise sollte es aber „der Term muss in eine Klammer gesetzt werden" oder auch „der Term muss eingeklammert werden" heißen, denn selbst wenn jede Klammer aus zwei Teilen besteht (Klammer auf, Klammer zu), so ist es doch nur eine einzige Klammer.

3 Mathematische Logik

$\wedge \quad \vee \quad \neg \quad \Rightarrow \quad \Leftrightarrow \quad \forall \quad \exists \quad \exists^1$

Die mathematische Logik[1] ist aus der Philosophie hervorgegangen und heute ein Zweig der Mathematik. Sie beschäftigt sich mit Aussagen und deren Beziehungen. Der Begriff „Logik" geht vermutlich auf Aristoteles[2] zurück. Aussagen in einem präzisen mathematischen Sinn (und nur so werden wir diesen Begriff verwenden) sind nichts weiter als Feststellungen über Sachverhalte, die entweder zutreffen können oder auch nicht. Es muss aber immer, zumindest im Prinzip, feststellbar sein, ob eine betrachtete Aussage wahr (d. h. zutreffend) oder falsch (d. h. nicht zutreffend) ist. Wenn das nicht möglich ist, dann liegt keine Aussage vor. Bei den unüberschaubar vielen Aussagen, die wir im täglichen Leben antreffen, sei es in den Medien, in Büchern oder in Gesprächen, ist es für uns oft schwer, festzustellen, ob sie wahr oder falsch sind, oder ob überhaupt Aussagen vorliegen. Ludwig Wittgenstein[3] hat sich, vor allem in seinem *Tractatus logico-philosophicus* (1921), intensiv mit dieser Fragestellung beschäftigt.

Ein Problem haben alle Wissenschaften gemeinsam: Sie müssen, um sich mitteilen zu können, Wörter aus der Umgangssprache verwenden, die in aller Regel nicht eindeutig und damit interpretierbar sind oder die, je nach Zusammenhang, ihre Bedeutung ändern. Die Wissenschaftler geben ihnen eine genauere Definition (meistens jedenfalls), die dann aber oft in der umgangssprachlichen Verwendung zu Verwirrungen und Unverständnis

---

[1] Die Väter der modernen mathematischen Logik sind **George Boole** und **Augustus de Morgan**. Boole, geboren 1815-11-02 in Lincoln, England, gestorben 1864-12-08 in Ballintemple, Irland, war englischer Mathematiker, Logiker und Philosoph. De Morgan, geboren 1806-06-27 in Madurai, Indien, gestorben 1871-03-18 in London, war englischer Mathematiker und erster Präsident der London Mathematical Society.

[2] **Aristoteles** (altgriechisch: Ἀριστοτέλης), geboren 384 v.u.Z. in Stageira, Makedonien, gestorben 322 v.u.Z. in Chalkis, Euböa, gehört zu den bekanntesten und einflussreichsten Philosophen der Geschichte. Sein Lehrer war Platon, doch hat Aristoteles zahlreiche Disziplinen entweder selbst begründet oder maßgeblich beeinflusst, darunter Wissenschaftstheorie, Logik, Biologie, Physik, Ethik, Staatstheorie und Dichtungstheorie.

[3] **Ludwig Wittgenstein,** geboren 1889-04-26 in Wien, gestorben 1951-04-29 in Cambridge, England, war österreichischer Logiker und Philosoph.

führt, wenn sie nicht im entsprechenden Kontext interpretiert wird. Wie soll auch ein Arzt einen Bruch kürzen oder ein Mathematiker einen Bruch schienen oder gar operieren? Wir werden im Weiteren derartige Probleme immer wieder ansprechen.

Beispiel 3.1
Mathematische Aussagen sind „1 ist eine natürliche“ Zahl (wahr) oder „4 ist kleiner als 3“ (falsch). Aber auch „auf der Erde gibt es Leben“ ist eine Aussage, dagegen „auf Alpha Centauri b[1] gibt es Leben“ ist keine, da wir nicht feststellen können, ob sie zutrifft oder nicht, so sehr manche Astronomen das auch hoffen, und weil wir auch keine Definition des Unterschieds zwischen „belebt“ und „unbelebt“ besitzen.

Aussagen treten meist nicht allein auf. Sie sind mit anderen Aussagen verknüpft, oft in der Form, dass wir sagen, dieses *und* jenes sei geschehen, dieses *oder* jenes treffe zu oder es sei *zwar* dieses *aber nicht* jenes der Fall. Dabei entstehen neue Aussagen, die dann als Gesamtheit wieder wahr oder falsch sein können. Wenn ein Gebrauchtwagenhändler ein Fahrzeug mit den Worten anbietet, dass es drei Jahre alt sei und erst 10 000 Kilometer gefahren, dann sagt er nur dann die Wahrheit, wenn die beiden Teilaussagen gemeinsam zutreffen, ansonsten lügt er, auch wenn eine der beiden Behauptungen zutreffen sollte. Im Gegensatz zur Umgangssprache sind derartige Verknüpfungen von Aussagen in der mathematischen Logik präzise definiert.

Sind S und T Aussagen, so bezeichnet die Verknüpfung $S \wedge T$ eine Aussage, die genau dann wahr ist, wenn beide Teilaussagen wahr sind, bzw. die falsch ist, wenn mindestens eine Teilaussage falsch ist. Wir sprechen $S \wedge T$ aus als „S und T“ und meinen damit genauer „S und zugleich T“.

Beispiel 3.2
Ist S die Aussage „10 ist eine natürliche Zahl“, T die Aussage „10 ist eine Quadratzahl“ und U die Aussage „10 ist durch 3 teilbar“, dann sind die Aussagen $S \wedge T, S \wedge U, T \wedge U$ falsch. Ersetzen wir aber 10 durch 9, dann sind alle drei Aussagen wahr. Ersetzen wir dagegen 10 durch 12, so ist nur die Aussage $S \wedge U$ wahr.

Sind S und T Aussagen, so bezeichnet die Verknüpfung $S \vee T$ eine Aussage, die genau dann falsch ist, wenn beide Teilaussagen falsch sind und die wahr ist, wenn mindestens eine Teilaussage wahr ist. Wir sprechen $S \vee T$ aus als „S oder T“ und meinen damit genauer „S oder auch T“.

Beispiel 3.3
Wenn wir sagen: „Die Gleichung $2x - 6 = 0$ hat die Lösungen $x = 3$ oder $x = 4$“, dann ist die Aussage $(x = 3) \vee (x = 4)$ wahr.

[1] Alpha Centauri b ist ein Exoplanet, der den hellsten Stern im Sternbild Centaurus umkreist. Er ist etwa 4,3 Lichtjahre von unserem Sonnensystem entfernt und die Astronomen halten ihn für den erdähnlichsten der bisher entdeckten Exoplaneten.

In der Umgangssprache ist die Sache nicht so eindeutig wie in der mathematischen Logik. Wenn die nette Kellnerin fragt: „Wollen Sie den Kaffee mit Milch und Zucker" und ich sage „Ja", dann weiß ich, was ich bekomme, nämlich beides, fragt sie dagegen „Wollen Sie den Kaffee mit Milch oder Zucker" und ich sage wieder „Ja", dann vermute ich, dass sie mich einfach nur fragend anschaut. Sie meint nämlich mit ihrem „oder" das exklusive (ausschließende) oder, d. h. genau eines von beiden, und wartet auf eine Entscheidung von mir, ich dagegen das inklusive (einschließende) oder, mir ist es also egal, wenn nur mindestens eines von beiden im Kaffee ist.

Ist S eine Aussage, so bezeichnet $\neg S$ die Negation dieser Aussage, die genau dann wahr ist, wenn S falsch ist und die falsch ist, wenn S wahr ist. Wir sprechen $\neg S$ aus als „nicht S". Die Negation der Negation einer Aussage ist wieder die ursprüngliche Aussage, d. h. es gilt $\neg(\neg S) = S$.

Beispiel 3.4
Wenn es nicht so ist, dass es nicht regnet, dann regnet es.

Die Aussage „S oder T, aber nicht beides" (das exklusive oder), können wir jetzt folgendermaßen darstellen:

$$(S \wedge \neg T) \vee (\neg S \wedge T) .$$

Wenn jemand zu mir sagt: „Jetzt sei doch logisch!", dann deutet er damit an, dass ich aus irgendwelchen Voraussetzungen einen falschen Schluss gezogen habe. Was meint er aber mit „einen falschen Schluss ziehen"? Schauen wir, was Logiker dazu sagen.

Sind S und T Aussagen, so bezeichnet der Ausdruck $S \Rightarrow T$ eine Aussage, die genau dann falsch ist, wenn S wahr ist und T falsch. Wir sprechen $S \Rightarrow T$ aus als „wenn S dann T". Gelegentlich sagen wir auch „aus S folgt T" oder „S impliziert[1] T".

Ein Ausdruck der Form $S \Rightarrow T$ wird *Implikation* genannt, wobei S den *Vordersatz* (Prämisse) der Implikation und T ihren *Hintersatz* (Konklusion) bezeichnet. Aus der Definition der Implikation ergibt sich, dass sie stets wahr ist, wenn der Vordersatz falsch ist, d. h. aus einer logisch falschen Prämisse folgt jede beliebige Aussage.[2]

Beispiel 3.5
Ist S die (falsche) Aussage „Eins ist gleich null." und T die (ebenfalls falsche) Aussage „2021 ist ein Schaltjahr.", so ist die Aussage „Wenn eins gleich null ist, dann ist 2021 ein Schaltjahr." wahr.

Wenn jemand sagt: „Wenn du eine Million im Lotto gewonnen hast, dann bin ich der Kaiser von China.", ist das dann eine wahre oder eine falsche Aussage? Die Antwort auf diese Frage hängt vom Kontext ab. Wenn er diesen Satz zu einem Aufschneider sagt, dann handelt es sich mit großer Wahrscheinlichkeit um eine wahre Aussage.

---

[1]Von lateinisch *implicare* = einwickeln, verknüpfen, verbinden.

[2]Das ist der logische Grundsatz: „aus Falschem folgt Beliebiges", lateinisch *ex falso sequitur quodlibet*, der meistens mit e.f.q. (*ex falso quodlibet*) abgekürzt wird.

Die Implikation spielt eine große Rolle in der Mathematik, denn die mathematischen Theoreme haben häufig die Form einer Implikation, wobei der Vordersatz *Voraussetzung* genannt wird und der Hintersatz *Behauptung*. Mathematiker sagen dann auch häufig, dass die Behauptung eine *notwendige Bedingung* für die Voraussetzung sei, bzw. dass die Voraussetzung eine *hinreichende Bedingung* für die Behauptung sei.

Sind S und T Aussagen, so bezeichnet der Ausdruck $S \Leftrightarrow T$ eine Aussage, die genau dann wahr ist, wenn die Aussagen S und T beide wahr oder beide falsch sind. Wir sprechen $S \Leftrightarrow T$ aus als „S genau dann, wenn T" oder als „S ist äquivalent[1] zu T". Die Aussage $S \Leftrightarrow T$ hat dieselbe Bedeutung wie die Aussage $(S \Rightarrow T) \wedge (T \Rightarrow S)$.

Beispiel 3.6
Ist S die Aussage „ein Dreieck hat drei Symmetrieachsen" und T die Aussage „ein Dreieck ist gleichseitig", so gilt $S \Leftrightarrow T$.

Die Eigenschaften der logischen Verknüpfungen von Aussagen können übersichtlich in sogenannten *Wahrheitswerttabellen* zusammengefasst werden:

S	T	$S \wedge T$	$S \vee T$	$S \Rightarrow T$	$S \Leftrightarrow T$
wahr	wahr	wahr	wahr	wahr	wahr
wahr	falsch	falsch	wahr	falsch	falsch
falsch	wahr	falsch	wahr	wahr	falsch
falsch	falsch	falsch	falsch	wahr	wahr

Wir zeigen die Anwendung einer Wahrheitswerttabelle am Beispiel der Implikation. Dazu stellen wir die folgende Tabelle auf:

S	T	$S \wedge \neg T$	$\neg S \vee T$	$S \Rightarrow T$
wahr	wahr	falsch	wahr	wahr
wahr	falsch	wahr	falsch	falsch
falsch	wahr	falsch	wahr	wahr
falsch	falsch	falsch	wahr	wahr

Aus dieser Tabelle können wir unmittelbar ablesen, dass die Implikation $S \Rightarrow T$ nur dann falsch ist, wenn die Aussage $S \wedge \neg T$ wahr ist, d. h. wenn S wahr und gleichzeitig T falsch ist. Das entspricht aber genau der oben angegebenen Definition der Implikation. Außerdem können wir der Tabelle noch entnehmen, dass die Ausdrücke $\neg S \vee T$ und $S \Rightarrow T$ stets zu denselben Wahrheitswerten führen, d. h. die Implikation ist äquivalent zur Aussage $\neg S \vee T$.

[1]Zusammengesetzt aus lateinisch *aequus* = gleich und *valere* = wert sein.

Die Aussagen $\neg(\neg S) \Leftrightarrow S$ (Satz der doppelten Verneinung) und $S \vee \neg S$ (Satz vom ausgeschlossenen Dritten, d. h. jede Aussage ist wahr oder sie ist falsch) sind immer wahr. Dagegen ist die Aussage $S \wedge \neg S$ (Satz vom ausgeschlossenen Widerspruch, d. h. eine Aussage kann nicht gleichzeitig wahr und falsch sein) immer falsch.

In der Mathematik werden häufig Aussagen über die Elemente einer Menge benötigt (was Elemente und Mengen sind, werden wir im nächsten Kapitel erklären).

Beispiel 3.7
Wenn A eine Menge bezeichnet, deren Elemente x Zahlen sind, dann könnte $S(x)$ zum Beispiel die Aussage „$x+1$ ist eine Zahl aus A“ oder auch die Aussage „$x^2 \geq x$“ bezeichnen.

Um eine Aussage über alle Zahlen einer Menge A zu machen, für die die Aussage $S(x)$ zutrifft, schreiben wir $\forall x \in A : S(x)$ und sprechen das aus als „für alle x, die zu A gehören, ist die Aussage $S(x)$ wahr“. Das Symbol $\forall$ heißt *Allquantor.*[1]

Beispiel 3.8
Wenn $\mathbb{N}$ die Menge der natürlichen Zahlen x bezeichnet, dann gilt immer $x^2 \geq x$ und $x + 1$ ist immer ein Element aus $\mathbb{N}$. Diese Aussagen schreiben wir formal

$$\forall x \in \mathbb{N} : x^2 \geq x \qquad \text{bzw.} \qquad \forall x \in \mathbb{N} : (x+1) \in \mathbb{N}\,.$$

Bei der Verwendung des Ausdrucks $\forall x \in A : S(x)$ ist zu beachten, dass es sich dabei um eine abgekürzte Schreibweise für den Ausdruck $\forall x : x \in A \Rightarrow S(x)$ handelt, mit der Bedeutung „für alle x gilt, dass, wenn x ein Element von A ist, dann ist die Aussage $S(x)$ wahr“. Aus der Definition der Implikation ergibt sich daher, dass $\forall x \in A : S(x)$ immer wahr ist, wenn A überhaupt keine Elemente hat.

Beispiel 3.9
Die Aussage „Alle Stickstoffatome im Ozonmolekül sind elektrisch geladen.“ ist wahr, da ein Ozonmolekül keine Stickstoffatome enthält.

Um eine Aussage zu machen, die für mindestens ein Element der Menge A zutreffen soll, schreiben wir $\exists x \in A : S(x)$ und sprechen das aus als „es gibt ein x, das zu A gehört, für das $S(x)$ wahr ist“. Das Symbol $\exists$ nennen wir *Existenzquantor.*

Beispiel 3.10
Die Aussage $\exists x \in \mathbb{N} : x^2 = x$ bedeutet, dass es mindestens eine natürliche Zahl gibt, die mit ihrem Quadrat übereinstimmt. Tatsächlich gibt es zwei solche Zahlen, nämlich $x = 0$ und $x = 1$.

---

[1]Der Wortbestandteil „Quantor“ ist eine Latinisierung des englischen Ausdrucks „quantifier“.

Bei der Verwendung des Ausdrucks $\exists x \in A : S(x)$ ist zu beachten, dass es sich dabei um eine abgekürzte Schreibweise für den Ausdruck $\exists x : x \in A \wedge S(x)$ handelt, mit der Bedeutung „es gibt ein x für das gilt, x ist ein Element von A und die Aussage $S(x)$ ist wahr“. Daraus ergibt sich, dass $\exists x \in A : S(x)$ immer falsch ist, wenn A überhaupt keine Elemente hat, denn $x \in A$ ist dann falsch.

Beispiel 3.11
Die Aussage „Es gibt ein Stickstoffatom im Ozonmolekül, das elektrisch geladen ist.“ ist falsch, da ein Ozonmolekül keine Stickstoffatome enthält.

Wenn ausgedrückt werden soll, dass es nur ein einziges Element gibt, für das eine bestimmte Aussage zutrifft, dann wird das Symbol $\exists!$ verwendet.[1] Auch dieses Symbol ist eine Abkürzung, denn es gilt die Äquivalenz

$$\exists! x : S(x) \Leftrightarrow \exists x : \big(S(x) \wedge \forall y : S(y) \Rightarrow y = x\big),$$

d. h. die Aussagen „Es gibt genau ein x, für das $S(x)$ gilt.“ und „Es gibt ein x, für das $S(x)$ gilt und für alle y gilt: wenn $S(y)$ gilt, dann ist y identisch mit x.“ sind äquivalent.

Beispiel 3.12
Die Aussage $\exists! x \in \mathbb{N} : (x - 1) \notin \mathbb{N}$ bedeutet, dass es genau eine natürliche Zahl gibt, derart, dass ihr Vorgänger keine natürliche Zahl ist, nämlich die Zahl Null.

Was ist das Gegenteil (die Negation) der Aussage „Alle Katzen sind grau.“? Etwa „Keine Katze ist grau.“? Nein! Die gegenteilige Aussage lautet: „Mindestens eine Katze ist nicht grau.“. Wenn wir diesen Sachverhalt formalisieren, sieht das so aus:

$$\neg\big(\forall x \in A : S(x)\big) \Leftrightarrow \exists x \in A : \neg S(x), \tag{3.1}$$

wobei A die Menge der in Betracht kommenden Katzen bezeichnet und $S(x)$ die Aussage „x ist grau“ symbolisiert.

Entsprechend lautet die Negation der Aussage „Keine Katze ist grau.“ nicht etwa „Alle Katzen sind grau.“, sondern „Mindestens eine Katze ist grau.“, bzw. formalisiert:

$$\neg\big(\forall x \in A : \neg S(x)\big) \Leftrightarrow \exists x \in A : S(x), \tag{3.2}$$

denn der formale Ausdruck $\forall x \in A : \neg S(x)$ bedeutet — wieder unter der Annahme, dass A die Menge der in Betracht kommenden Katzen bezeichnet und $S(x)$ die Aussage „x ist grau“ — „Für jedes Ding gilt, wenn es eine Katze ist, dann ist es nicht grau.“ und diese Aussage ist zu der Aussage „Es gibt keine graue Katze.“ äquivalent. Die Negation dieser Aussage ist aber „Es gibt (mindestens) eine graue Katze.“.

[1] Anstelle des Symbols $\exists!$ wird auch das Symbol $\exists^1$ verwendet. Entsprechend wird das Symbol $\exists^n$ mit der Bedeutung „Es gibt genau n …“ verwendet.

Die Beziehungen (3.1) und (3.2) formalisieren eine intuitiv verständliche logische Grundtatsache. Zum Nachweis, dass eine bestimmte Aussage nicht für alle Individuen einer bestimmten Gruppe gelten kann, reicht es aus, ein Individuum aufzuweisen, für das die behauptete Aussage nicht gültig ist. Dabei kommt es nicht darauf an, ob die infrage stehende Aussage als wahr oder als falsch behauptet wird.

Die Aussage „Keine Katze ist unsterblich." ist äquivalent zur Aussage „Alle Katzen sind sterblich.", bzw. formalisiert

$$\neg\big(\exists x \in A : \neg S(x)\big) \Leftrightarrow \forall x \in A : S(x)\,,$$

wobei A wieder die Menge der Katzen bezeichnet und $S(x)$ die Aussage „x ist sterblich" symbolisiert. Es ist also erheblich schwieriger nachzuweisen, dass es kein Individuum einer bestimmten Gruppe gibt, für das eine behauptete (wahre oder falsche) Aussage nicht gültig ist, denn dazu muss für alle Individuen dieser Gruppe gezeigt werden, dass die behauptete Aussage gültig ist.

Bisher haben wir nur Aussagen über die Eigenschaften von Objekten gemacht. So haben wir z. B. oben die Satzform $S(x)$ verwendet, um die Eigenschaft der Elemente x einer Menge zu beschreiben. Wir nennen $S(x)$ *Prädikat* von x. Die Erweiterung der Logik um Prädikate und Quantoren erlaubt es, auch komplexere Sachverhalte auszudrücken, die sich mit einfachen Aussagen nicht erfassen lassen. Um Beziehungen zwischen Objekten, insbesondere in der Mathematik, formal zu beschreiben, benötigen wir aber noch eine zusätzliche Erweiterung der Logik, nämlich die *Relationen*.

Beispiel 3.13

Eine elementare Aussage der Geometrie lautet: „Durch jeweils zwei Punkte geht stets eine Gerade.". Diese Aussage können wir formal schreiben als

$$\forall x,y \in P\ \exists z \in G : xRz \wedge yRz\,,$$

wobei P die Menge der Punkte bezeichnet, G die Menge der Geraden und xRz die Relation „x liegt auf z" ausdrückt.

In diesem Beispiel ist R („ ... liegt auf ... ") eine zweistellige Relation. Im täglichen Leben vorkommende zweistellige Relationen sind z. B. „ ... ist Mutter von ... " oder „ ... ist schwerer als ... ". Es gibt auch Relationen zwischen mehr als zwei Objekten, wie z. B. „ ... ist die Summe von ... und ... " (dreistellige Relation) und „die Entfernung zwischen ... und ... ist größer als die zwischen ... und ... " (vierstellige Relation).

Zum Schluss des Kapitels betrachten wir noch zwei wichtige zweistellige Relationen, nämlich die Gleichheit (Identität[1]) und ihre Negation, die Ungleichheit (Verschiedenheit, Diversität[2]). Beide Relationen spielen bereits im Alltag eine Rolle. Sie haben aber auch in der Mathematik eine große Bedeutung.

[1] von lateinisch *idem* = derselbe, dasselbe

[2] von lateinisch *diversitas* = Vielfalt, Verschiedenheit

Die Relation der Identität schreiben wir in der Mathematik symbolisch als $x = y$, mit der Bedeutung:

- x ist identisch mit y,
- x ist dasselbe wie y,
- x ist gleich y.

Die Relation der Verschiedenheit können wir dann durch die Negation $\neg(x = y)$ oder kürzer durch $x \neq y$ ausdrücken.

Für den Identitätsbegriff ist die bereits von Leibniz[1](in etwas veränderter Form[2]) formulierte Aussage (Leibniz-Gesetz der Identität)

> *Die Identität $x = y$ gilt nur dann, wenn x jede Eigenschaft hat, die y hat, und y jede Eigenschaft hat, die x hat.*

fundamental. Dies bedeutet insbesondere, dass in einem gegebenen Kontext (z. B. in einer Gleichung) jedes Zeichen „x" durch das Zeichen „y" ersetzt werden darf, bzw. jedes Zeichen „y" durch das Zeichen „x". Diese Ersetzung muss nicht vollständig erfolgen, sondern es ist auch eine teilweise Ersetzung zulässig.

Identität und Verschiedenheit sind in der Mathematik strenger definiert als im Alltag. Mathematische Objekte können identisch sein, auch wenn sie sich ganz offensichtlich (z. B. in ihrer Schreibweise) unterscheiden.

Beispiel 3.14

Die üblicherweise in der Form einer Gleichung geschriebene binomische Formel $(a + b)^2 = a^2 + 2ab + b^2$ ist logisch eine Identität:

$$\forall a,b \in \mathbb{R} : x = (a + b)^2 \Leftrightarrow x = a^2 + 2ab + b^2 .$$

Um darauf hinzuweisen, dass es sich um eine Identität handelt, wird diese Formel manchmal auch in der Form $(a+b)^2 \equiv a^2+2ab+b^2$ geschrieben. Das Zeichen $\equiv$ wird „ist identisch gleich" ausgesprochen. Logisch gibt es aber zwischen der Bedeutung der Zeichen $\equiv$ und $=$ keinen Unterschied.[3]

Der Unterschied zwischen einer Gleichung und einer Identität besteht darin, dass wir bei einer Gleichung Werte der Variablen (Lösungen der Gleichung) *bestimmen* müssen, für die sich Gleichheit ergibt, während wir bei einer Identität die Gleichheit für alle Werte der Variablen aus einer vorgegebenen Zahlenmenge[4] (z. B. $\mathbb{R}$) *behaupten*.

---

[1]**Gottfried Wilhelm Leibniz**, geboren 1646-07-01 in Leipzig, gestorben 1716-11-14 in Hannover, war ein deutscher Philosoph, Mathematiker, Diplomat, Historiker und politischer Berater.

[2]*Eadem vel coincidentia sunt quae sibi ubique substitui possunt salva veritate. Diversa quae non possunt.* (Gleich oder gleichzeitig sind, die sich überall ersetzen können, bei Wahrung der Wahrheit. Verschieden, die es nicht können.); Specimen calculi coincidentium (1686), LH IV, 7B, Bl. 64–65.

[3]Das Zeichen $\equiv$ wird auch mit einer anderen Bedeutung als hier verwendet; siehe dazu Kapitel 5.

[4]Zahlenmengen werden wir im nächsten Kapitel behandeln.

4 Mengen, Zahlenmengen, Intervalle

$\{x;y\}$ $\in$ $\notin$ $\{\}$ $\emptyset$

$\subset$ $\not\subset$ $\cap$ $\cup$ $\setminus$ $\overline{X}$

$\bigcup$ $\bigcap$ $\times$ $\prod$ id

$\mathbb{N}$ $\mathbb{Z}$ $\mathbb{Q}$ $\mathbb{R}$ $\mathbb{C}$ $\mathbb{P}$

Eine *Menge*[1] ist eine Zusammenfassung von unterscheidbaren Objekten (Dingen oder Ideen) derart, dass wir von jedem dieser Objekte feststellen können, ob es zur Menge gehört oder nicht. Enthält eine Menge nur endlich viele Objekte, so ist das kein Problem. Objekte, die zu einer Menge gehören, nennen wir *Elemente der Menge.*

Beispiel 4.1
Die Menge P aller Personen, die einen deutschen Pass besitzen oder die Menge W aller Wörter, die der vorliegende Text bis zum nächsten Punkt umfasst.

In der Mathematik werden, soweit es geht, die Elemente einer endlichen Menge in eine *Mengenklammer* (geschweifte Klammer) $\{\}$ eingeschlossen. Die Reihenfolge, in der die Elemente aufgelistet werden, spielt dabei keine Rolle.

Beispiel 4.2
$A = \{1;2;3;4;a;b;c\}$ oder $B = \{\Delta;\Phi;\Psi;\Sigma\}$ sind Mengen. Dagegen ist $C = \{a;b;a\}$ keine korrekte Mengendarstellung, da innerhalb der Mengenklammer gleiche Objekte nicht mehrfach vorkommen dürfen. $D = \{a;b;\{a\}\}$ ist aber wieder eine Menge.[2]

---

[1]Die Begriffe „Menge“ und „Mengenlehre“ sind mit dem Namen **Georg Cantor** verbunden. Cantor, geboren 1845-03-03 in Sankt Petersburg, Russland, gestorben 1918-01-06 in Halle an der Saale, war ein deutscher Mathematiker. Da er in Sankt Petersburg zur Welt kam, steht aber in seiner Geburtsurkunde das Geburtsdatum 19. Februar 1845 (in Russland galt damals noch der julianische Kalender).

[2]Bei der Aufzählung der Elemente einer Menge verwenden wir als Trennzeichen zwischen Zahlen, Buchstaben oder Symbolen nicht das Komma, sondern stets das Semikolon.

Wenn ein Objekt x ein Element einer bestimmten Menge A ist, schreiben wir $x \in A$ und sagen „x ist ein Element von A“, ist das nicht der Fall, so schreiben wir $x \notin A$ und sagen „x ist kein Element von A“.

Beispiel 4.3
Ist $A = \{1; 2; 3\}$, so gilt $1 \in A$ und $4 \notin A$.

Unter der *Mächtigkeit* (bzw. *Kardinalität*) $|A|$ einer Menge A mit endlich vielen Elementen verstehen wir die Anzahl ihrer Elemente.[1]

Beispiel 4.4
Ist $B = \{\Delta; \Phi; \Sigma; \Xi\}$, so ist $|B| = 4$.

Es gibt genau eine spezielle Menge, die kein Element enthält, die *leere Menge*. Für diese Menge gibt es zwei Symbole, $\{\}$ oder $\varnothing$. Wir geben dem ersten Symbol hier den Vorzug. Für die Mächtigkeit der leere Menge gilt $|\{\}| = 0$.

Mengen können Beziehungen zueinander haben. Es kann z. B. sein, dass eine Menge A vollständig in einer anderen Menge B enthalten ist. Wir schreiben dann $A \subset B$ und sagen „A ist in B enthalten“ oder auch „A ist Teilmenge von B“. Ist das nicht der Fall, so schreiben wir $A \not\subset B$ und sagen „A ist nicht in B enthalten“ oder auch „A ist keine Teilmenge von B“.[2]

Beispiel 4.5
Für $A = \{1; 2; 3\}$, $B = \{1; 2; 3; 4\}$, $C = \{2; 3; 4\}$ gilt $A \subset B$, $C \subset B$, $A \not\subset C$.

Anstatt $A \subset B$ können wir auch $B \supset A$ („B enthält A“) schreiben. Dabei wird nicht ausgeschlossen, dass A und B in allen ihren Elementen übereinstimmen, d. h. dass $A = B$ möglich ist. In jedem Fall gilt für jede Menge A, dass $A \subset A$ und $\{\} \subset A$ ist.

Für zwei Mengen A und B verstehen wir unter der *Schnittmenge* die Menge $S = A \cap B$ aller Elemente, die sowohl in A als auch in B enthalten sind. Wir sagen dann „S ist A geschnitten B“. Für jede Menge A gilt, dass $A \cap \{\} = \{\}$ und $A \cap A = A$ ist.

Beispiel 4.6
Für $A = \{1; 2; 3\}$ und $B = \{2; 3; 4\}$ ist $S = A \cap B = \{2; 3\}$.

Für zwei Mengen A und B verstehen wir unter der *Vereinigungsmenge* die Menge $V = A \cup B$ aller Elemente, die in A oder auch in B enthalten sind. Wir sagen dann „V ist A vereinigt B“. Für jede Menge A gilt, dass $A \cup \{\} = A$ und $A \cup A = A$ ist.

Beispiel 4.7
Für $A = \{1; 2; 3\}$ und $B = \{2; 3; 4\}$ ist $V = A \cup B = \{1; 2; 3; 4\}$.

---

[1] In der Literatur finden wir als Zeichen für die Mächtigkeit einer Menge A auch das Zeichen # (d. h. wir schreiben $\#A$) oder das Symbol card (d. h. wir schreiben card A) für Kardinalität.

[2] Manchmal wird statt $\subset$ das Zeichen $\subseteq$ in diesem Sinn verwendet und das Zeichen $\subset$ für „echte Teilmenge“, d. h. die Menge rechts des Zeichens enthält mindestens ein Element mehr als die links davon.

Für zwei Mengen A und B verstehen wir unter der *Differenzmenge* $D = A \setminus B$ die Menge aller Elemente, die zwar in A, aber nicht in B enthalten sind. Wir sagen dann „D ist A ohne B“. Für jede Menge A gilt, dass $A \setminus A = \{\}$ und $A \setminus \{\} = A$ ist.

Beispiel 4.8
Für $A = \{1; 2; 3\}$ und $B = \{2; 3; 4\}$ ist $D = A \setminus B = \{1\}$.

Für eine Menge A verstehen wir unter der *Komplementmenge*[1] $K = \overline{A}$ die Menge aller Elemente, die nicht zu A gehören. Wir sagen dann auch „K ist A-quer“.

Beispiel 4.9
Für $A = \{1; 2; 3\}$ gilt sowohl $4 \in \overline{A}$ als auch $1 \notin \overline{A}$.

Die Differenzmenge können wir damit ausdrücken als $D = A \setminus B = A \cap \overline{B}$.[2] Ist $A \subset B$, so schreiben wir statt $A \cap \overline{B}$ auch $\complement_A B$.

Die Konzepte der Vereinigungs- und Schnittmenge lassen sich auf drei oder mehr Mengen erweitern: Wir schreiben dann

$$\bigcup_{i=1}^{n} A_i = A_1 \cup A_2 \cup \cdots \cup A_n$$

und

$$\bigcap_{i=1}^{n} A_i = A_1 \cap A_2 \cap \cdots \cap A_n \,.$$

Für zwei nicht leere Mengen A und B verstehen wir unter dem *kartesischen*[3] *Produkt* $P = A \times B$, gesprochen „A kreuz B“, die Menge aller geordneten Paare $(a; b)$ mit $a \in A$ und $b \in B$. Geordnete Paare von Elementen nennen wir auch *Tupel*.[4]

Beispiel 4.10
Für $A = \{1; 2\}$ und $B = \{3; 4\}$ ist $P = A \times B = \{(1; 3)\,; (1; 4)\,; (2; 3)\,; (2; 4)\}$.

Für das kartesische Produkt gilt $A \times B \neq B \times A$.

Beispiel 4.11
Es gilt zwar $\{1; 2\} = \{2; 1\}$ aber $(2; 1) \neq (1; 2)$.

---

[1] von lateinisch complementum = Ergänzung

[2] In einigen älteren Büchern wird für die Differenzmenge die Schreibweise $D = A - B$ benutzt. Das hatte satztechnische Gründe. Heute sollte nur die international genormte Schreibweise verwendet werden.

[3] Diese Benennung ist abgeleitet vom Namen **René Descartes**, latinisiert Renatus Cartesius. Descartes, geboren 1596-03-31 in La Haye en Touraine, Frankreich, gestorben 1650-02-11 in Stockholm, war ein französischer Philosoph, Mathematiker und Naturwissenschaftler.

[4] Abtrennung von mittellateinisch *quintuplum* = fünffach

Wir können auch das kartesische Produkt einer Menge mit sich selbst bilden und schreiben dann statt $A \times A$ kürzer A^2.

Beispiel 4.12
$\{a; b\}^2 = \{(a; a); (a; b); (b; a); (b; b)\}$ oder $\{0\}^2 = \{(0; 0)\}$.

Das Konzept des kartesischen Produkts lässt sich auf drei und mehr Mengen erweitern: $A_1 \times A_2 \times \cdots \times A_n$ ist die Menge aller Elemente der Form $(a_1; a_2; \ldots; a_n)$ mit $a_i \in A_i$, $i = 1, \ldots, n$. Diese Elemente nennen wir *n-Tupel*. Abkürzend schreiben wir

$$\prod_{i=1}^{n} A_i = A_1 \times A_2 \times \cdots \times A_n \qquad \text{bzw.} \qquad A^n = \prod_{i=1}^{n} A\,.$$

Alle Mengen, die wir bisher angegeben haben, waren dadurch definiert, dass wir ihre Elemente mit einem deutschen Satz beschrieben oder sie aufgezählt haben. Es gibt noch eine andere Methode, um Mengen zu definieren. Wir erläutern sie an einem Beispiel, wobei der senkrechte Strich als „mit der Eigenschaft“ ausgesprochen wird.

Beispiel 4.13
Der Ausdruck $A \times B = \{(a; b) \mid a \in A \wedge b \in B\}$ wird „A Kreuz B ist die Menge aller Paare a, b mit der Eigenschaft, dass a ein Element von A und zugleich b ein Element von B ist“ ausgesprochen.

Es werden also vor dem senkrechten Strich in der Mengenklammer die Elemente angegeben, um die es geht, und dahinter steht die zu erfüllende Eigenschaft.

Beispiel 4.14

$$A \cap B = \{x \mid x \in A \wedge x \in B\},$$
$$A \cup B = \{x \mid x \in A \vee x \in B\},$$
$$\overline{A} = \{x \mid x \notin A\}.$$

Die Ausdrücke in diesem Beispiel können als Definitionen der Schnittmenge, der Vereinigungsmenge und des Mengenkomplements angesehen werden.

Die *Identitätsrelation* $\mathrm{id}_A = \{(a; a) \mid a \in A\}$ auf der Menge A wird auch *Diagonale* des kartesischen Produkts $A \times A$ genannt.

In der Mathematik werden ganz bestimmte, immer wiederkehrende Zahlenmengen verwendet. Diese sind:

- $\mathbb{N}$, die Menge der *natürlichen Zahlen*,
- $\mathbb{Z}$, die Menge der *ganzen Zahlen*,
- $\mathbb{Q}$, die Menge der *rationalen Zahlen*,
- $\mathbb{R}$, die Menge der *reellen Zahlen* und
- $\mathbb{C}$, die Menge der *komplexen Zahlen*.

Dabei betrachten wir die Null hier als eine natürliche Zahl.[1]

Wenn diese Mengenzeichen mit dem hochgestellten Symbol * versehen werden, dann bedeutet das, dass die Null aus der Menge ausgenommen ist.

Beispiel 4.15
Für die Menge $\mathbb{N}$ der natürlichen Zahlen gilt $\mathbb{N}^* = \mathbb{N} \setminus \{0\} = \{1; 2; 3; ...\}$.

Zusätzlich zu den oben angegebenen Zeichen für die wichtigsten Zahlenmengen ist auch noch das Zeichen $\mathbb{P}$ für die *Menge der Primzahlen* festgelegt.

Alle Zahlenmengen können eingeschränkt werden. Eine Möglichkeit dazu ist, die Einschränkung als tiefgestellten Ausdruck an dem Zeichen für die jeweilige Zahlenmenge anzubringen.

Beispiel 4.16
$\mathbb{N}_{\geq 5}$ bezeichnet die Menge $\{5; 6; 7; 8; ...\}$, $\mathbb{Q}_{<0}$ die Menge der negativen rationalen Zahlen, $\mathbb{P}_{\geq 3}$ die Menge der ungeraden Primzahlen.

Für reellen Zahlen kann die Intervallschreibweise verwendet werden, um Teilmengen anzugeben. Ein *Intervall* ist ein zusammenhängender Bereich in der Menge der reellen Zahlen, dessen Grenzen jeweils zum Bereich gehören können oder nicht. Entsprechend nennen wir die Intervalle *abgeschlossen*, *offen* oder *halboffen*. Es gibt insgesamt die folgenden Möglichkeiten:

- $[a; b] = \{x \mid a \leq x \leq b\}$ (abgeschlossenes Intervall),
- $(a; b] = \{x \mid a < x \leq b\}$ (halboffenes Intervall),
- $[a; b) = \{x \mid a \leq x < b\}$ (halboffenes Intervall),
- $(a; b) = \{x \mid a < x < b\}$ (offenes Intervall).

Statt einer runden Klammer kann auch eine nach außen zeigende eckige Klammer verwendet werden: $(a; b] =]a; b]$, $[a; b) = [a; b[$ und $(a; b) =]a; b[$.

Schließlich kann bei den halboffenen oder den offenen Intervallen auch statt der linken Intervallgrenze a das Symbol $-\infty$ und statt der rechten Intervallgrenze b das Symbol $+\infty$ verwendet werden.[2]

Beispiel 4.17
$\mathbb{R}_{\geq 5} = [5; +\infty)$, $\mathbb{R}_{<0} = (-\infty; 0)$.

[1] Eine Angabe dieser Art sollte stets gemacht werden, da es keine einheitliche Festlegung gibt, ob die Null eine natürliche Zahl ist oder nicht. Es gibt keine logische Begründung für eine verbindliche Festlegung.

[2] Die Symbole ∞ (*unendlich* ausgesprochen), bzw. $+\infty$ und $-\infty$ bezeichnen keine Zahlen, sondern zeigen lediglich an, dass die betreffende Menge nicht beschränkt ist.

Wenn a und b die untere bzw. obere Grenze eines Intervalls bezeichnen, dann wird die Differenz $(b - a)$ *Länge des Intervalls* oder kurz *Intervalllänge* genannt. Diese Zahl ist unabhängig davon, ob es sich um ein geschlossenes, halboffenes oder offenes Intervall handelt, d. h. die Endpunkte des Intervalls tragen nicht zu seiner Länge bei. Diese Tatsache können wir uns auf einfache Weise klar machen.

Zwischen der Intervalllänge und der Länge einer Strecke besteht ein Zusammenhang. Eine Gerade wird üblicherweise als eine kontinuierliche Punktmenge angesehen. Daher lässt sich jedem ihrer Punkte umkehrbar eindeutig eine reelle Zahl zuordnen, denn die Menge der reellen Zahlen ist ebenfalls ein Kontinuum (siehe unten). Diese Zuordnung ist aber nicht eindeutig, denn jede affine Transformation (Streckung und Verschiebung) führt eine Gerade in sich selbst über. Die Eindeutigkeit kann aber erreicht werden, indem zwei beliebig ausgewählten Punkten der Gerade die Zahlen 0 und 1 zugeordnet werden. Dann ist das Maß für die Länge einer Strecke zwischen den Punkten, denen die Zahlen a und b zugeordnet sind, gleich der Länge des Intervalls mit diesen beiden Zahlen als Grenzen. Entartet die Strecke zu einem Punkt, dann ist $a = b$ und die Länge des Intervalls ist gleich null. Einem Punkt muss demzufolge das Längenmaß 0 zugeordnet werden. Wir sagen kurz, dass ein Punkt keine Länge hat. Deshalb dürfen wir beliebige (endlich viele) Punkte einer Strecke, insbesondere auch einen oder beide ihrer Endpunkte entfernen, ohne dass sich das Längenmaß ändert.

Oben haben wir festgelegt, dass wir unter der Mächtigkeit einer Menge mit endlich vielen Elementen die Anzahl ihrer Elemente verstehen. Aber selbst wenn wir nicht zählen können, ist es uns doch möglich, festzustellen, ob zwei Mengen gleichmächtig sind. Wir müssen zu diesem Zweck nur die Elemente der einen Menge paarweise den Elementen der anderen Menge zuordnen. Hat jedes Element der einen Menge einen Partner, so sind die Mengen gleichmächtig. Sind von einer Menge noch Elemente übrig, so ist diese die Menge mit der größeren Mächtigkeit.

Letztlich bedeutet „Zählen“ ja auch nur, dass wir die natürlichen Zahlen, aufsteigend und beginnend bei 1, der Reihe nach den Elementen einer Menge zuordnen, bis keines ihrer Elemente mehr übrig ist. Auf diese Weise haben wir die Elemente der Menge nummeriert. Das funktioniert in vielen Fällen sogar dann, wenn die Menge unendlich viele Elemente enthält.

Beispiel 4.18

Die Menge $\mathbb{N}$ der natürlichen Zahlen und die Menge Q ihrer Quadrate haben die gleiche Mächtigkeit. Das können wir einsehen, wenn wir die Elemente der beiden Mengen paarweise einander zuordnen: $(0;0)$, $(1;1)$, $(2;4)$, $(3;9)$ $(4;16)$ usw. Jedes Element aus Q hat also einen Partner aus $\mathbb{N}$.

Alle unendlichen Mengen, deren Elemente nummeriert werden können, nennen wir *abzählbar* oder *abzählbar unendlich*. Dazu gehören alle unendlichen Teilmengen von $\mathbb{N}$, aber auch die Menge $\mathbb{Q}$ und ihre unendlichen Teilmengen. Nicht dazu gehört die Menge

$\mathbb{R}$. Wir sagen, dass die Menge $\mathbb{R}$ *überabzählbar* viele Elemente enthält und dass sie die *Mächtigkeit des Kontinuums* habe.

In der Wahrscheinlichkeitslehre wird die Menge aller Teilmengen einer endlichen Menge Ω (die Menge der Ergebnisse eines Zufallsexperiments) benötigt, die wir ihre *Potenzmenge* $\mathcal{P}(\Omega)$ (die Menge der Ereignisse eines Zufallsexperiments) nennen. Sie hat die Mächtigkeit $|\mathcal{P}(\Omega)| = 2^{|\Omega|}$.

Beispiel 4.19
Für $\Omega = \{a; b, c\}$ ist $\mathcal{P}(\Omega) = \big\{\{\}\,; \{a\}\,; \{b\}\,; \{c\}\,; \{a; b\}\,; \{a; c\}\,; \{b; c\}\,; \Omega\big\}$. Wir sehen, dass $|\Omega| = 3$ und $|P(\Omega)| = 2^3 = 8$ gilt.

Wir können uns fragen, ob auch die Menge $\mathcal{P}(\mathbb{N})$ abzählbar ist. Die Antwort ist, dass sie es nicht ist, denn sie hat — wie die Menge der reellen Zahlen $\mathbb{R}$ — die Mächtigkeit des Kontinuums. Es lässt sich generell zeigen, dass die Potenzmenge jeder Menge eine größere Mächtigkeit hat als die Menge selbst (Satz von Cantor). Damit stellt sich die Frage, welche Mächtigkeit die Menge $\mathcal{P}(\mathbb{R})$ wohl hat.

Bedauerlicherweise hat sich in der Mathematik so etwas wie eine Umgangssprache eingeschlichen, d. h. Schreibweisen, die nicht genau den Regeln entsprechen, die aber doch jeder Mathematiker versteht. Das sollte nicht sein, da die mathematische Darstellung eines Sachverhalts eigentlich redundanzfrei[1] sein müsste, aber es ist nun mal so. Einen solchen Fall haben wir im folgenden Beispiel.

Beispiel 4.20
Ist A eine Teilmenge von $\mathbb{N}$, so versteht jeder die Aussage $\forall x,y \in A : (x + y) \in A$. Streng genommen müssen wir aber $\forall (x; y) \in A^2 : (x + y) \in A$ schreiben. Zu dieser Aussage ist die ebenfalls wahre Aussage $\forall \{x; y\} \subset A : (x + y) \in A$ nicht äquivalent, denn hier ist immer $x \neq y$.

Ein weiterer Fall ist die „Drei-Pünktchen-Schreibweise“, bei der der Autor davon ausgeht, dass der Leser sich anstelle der Pünktchen genau die Zeichen gesetzt denkt, die der Autor in der Aufzählung weggelassen hat.

Beispiel 4.21
Jeder versteht, dass mit $A = \{2; 4; 6; \ldots; 200\}$ die Menge der geraden Zahlen von 2 bis 200 gemeint ist. Diese Schreibweise wird verständlich, wenn wir sie mit der „richtigen“ vergleichen, d. h. mit $A = \{z = 2k \,|\, k \in \mathbb{N} \wedge 1 \leq k \leq 100\}$.

Die Schreibweise mit den drei Punkten kann natürlich nur dann verwendet werden, wenn aus den gegebenen Zahlen klar erschlossen werden kann, wie die Zahlenfolge

[1] Unter dem Begriff *Redundanz* verstehen wir die Darstellung ein und desselben Sachverhalts mit mehr als den unbedingt benötigten Zeichen oder die Verwendung zweier unterschiedlicher Schreibweisen dafür.

fortzusetzen ist. Ein Beispiel, bei dem das nicht möglich ist, sind die Fibonacci-Zahlen.[1] Diese erhalten wir auf folgende Weise:

$$a_0 = 1\,, \quad a_1 = 1\,,$$
$$a_{k+2} = a_{k+1} + a_k\,, \qquad k \in \mathbb{N}\,,$$

d. h. jede Zahl der Folge ergibt sich als die Summe ihrer beiden Vorgänger. Die Angabe $F = \{1; 1; 2; 3; 5; 8; ...\}$ ist nicht hilfreich, denn jemand, der die rekursive Definition der Fibonacci-Zahlen nicht kennt, kann die Folge allein aufgrund der ersten angegebenen Zahlen nicht fortsetzen.

Die meisten Mathematiker verwenden die „Drei-Pünktchen-Schreibweise" nur für Aufzählungen von Zahlen aus der Menge $\mathbb{Z}$. Diese Aufzählungen sind dann eindeutig. In den vorangegangenen Abschnitten haben wir es deshalb auch so gehalten.

Beispiel 4.22

$k \in \mathbb{Z}_{\geq -1}$ ist gleichbedeutend mit $k \in \{-1; 0; 1; ...\}$ oder auch mit $k = -1; 0; 1; ...$, wobei das Gleichheitszeichen hier bedeutet, dass der Variablen k der Reihe nach die Werte auf ihrer rechten Seite zugewiesen werden sollen.

[1] Benannt nach **Leonardo da Pisa**, auch **Fibonacci** genannt, geboren um 1170 in Pisa, gestorben nach 1240 ebenfalls in Pisa, war Rechenmeister und gilt als einer der bedeutendsten Mathematiker Mittelalters. Auf seinen Reisen nach Afrika, Byzanz und Syrien machte er sich mit der arabischen Mathematik vertraut und verfasste mit den dabei gewonnenen Erkenntnissen das Rechenbuch *Liber abbaci* im Jahre 1202 (eine Überarbeitung dieses Werkes erfolgte 1228).

5 Vergleichszeichen

$=\quad \neq \quad =_{\text{def}} \quad \stackrel{\text{def}}{=} \quad :=$

$\widehat{=} \quad \approx \quad \simeq \quad \sim \quad \equiv \quad \propto$

$< \quad > \quad \leq \quad \geq \quad \ll \quad \gg$

Das am häufigsten verwendete Vergleichszeichen ist das Gleichheitszeichen =, das „ist gleich“ ausgesprochen wird. Es wurde, wie einige noch folgende Vergleichszeichen, bereits im vorangegangenen Text mehrmals verwendet, da jeder damit vertraut ist. Doch das Gleichheitszeichen hat viele Funktionen. Schauen wir uns einige davon an.

Beispiel 5.1

a) $1 = 1$ ist eine wahre Aussage, die nicht erklärt werden muss.
b) $a = 1$ ist eine Aussage, die, je nachdem welchen Wert a hat, wahr oder falsch ist.[1] Es handelt sich um eine Identität (siehe dazu Kapitel 3), d. h. die Variable a muss eine Zahl bezeichnen.
c) $x^2 = x$ scheint zunächst ein Widerspruch zu sein, es sei denn, wir interpretieren das Gleichheitszeichen als Anweisung, den Ausdruck als eine quadratische Gleichung zu betrachten und diese gegebenenfalls zu lösen, d. h. Zahlen zu finden, sodass eine wahre Aussage entsteht, wenn wir für die Variable x diese Zahlen einsetzen.
d) $A = \{1; 2; 3\}$ ist nur dann verständlich, wenn wir das Gleichheitszeichen im Sinne einer logischen Identität betrachten, d. h. dass der Ausdruck rechts von ihm A heißen soll. In diesem Fall bezeichnet A eine Menge, so wie ein Name z. B. eine Person oder eine Stadt bezeichnet.

[1] In prozeduralen Programmiersprachen hat die Anweisung $a = 1$ nicht immer dieselbe Bedeutung wie in der Mathematik. Sie kann auch bedeuten, dass der Variablen a der Wert 1 zugewiesen werden soll, was in einem Pseudocode auch durch die Anweisung $a \leftarrow 1$ ausgedrückt werden könnte. Dagegen hat in den funktionalen Programmiersprachen das Gleichheitszeichen in der Regel dieselbe Bedeutung wie in der Mathematik.

e) $\mathbb{R}_{\geq 0} = [0; +\infty)$ besagt schließlich, dass beide Ausdrücke synonym sind und es dem Anwender überlassen ist, welchen er verwendet.

Noch schwerer ist es aber, die Bedeutung des Ungleichheitszeichen $\neq$ zu verstehen, das „ist nicht gleich" oder „ist ungleich" ausgesprochen wird. Wenn wir nämlich im vorherigen Beispiel alle Gleichheitszeichen durch das Ungleichheitszeichen ersetzen, ergibt sich folgendes:

Beispiel 5.2

a) $1 \neq 1$ ist eine falsche Aussage, die nicht erklärt werden muss.
b) $a \neq 1$ ist eine Aussage, die nur falsch ist, wenn a den Wert 1 hat, sonst ist sie wahr. Es handelt sich um die Negation einer Identität (siehe dazu Kapitel 3), d. h. die Variable a muss eine Zahl bezeichnen.
c) $x^2 \neq x$ bedeutet in der Mathematik *nicht*, dass die Symbole „x^2" und „x" verschieden sind (das sind sie für einen Schriftsetzer zweifellos), sondern wir müssen das Ungleichheitszeichen als Anweisung interpretieren, den Ausdruck als eine quadratische Ungleichung zu betrachten und diese gegebenenfalls zu lösen, d. h. Zahlen zu finden, so dass eine wahre Aussage entsteht, wenn wir für die Variable x diese Zahlen einsetzen.
d) $A \neq \{1; 2; 3\}$ ist nur dann verständlich, wenn wir das Ungleichheitszeichen im Sinne der Negation einer logischen Identität betrachten, d. h. dass der Ausdruck rechts von ihm nicht A heißen soll. In diesem Fall bezeichnet A eine Menge, die nicht mit der Menge $\{1; 2; 3\}$ identisch ist.
e) $\mathbb{R}_{\geq 0} \neq [0; +\infty)$ ist eine falsche Aussage.

Mit den nächsten Zeichen kommen wir auf sicheren Boden zurück. Die drei Zeichen $=_{\text{def}}$, $\stackrel{\text{def}}{=}$, $:=$ bedeuten dasselbe, nämlich „ist definitionsgemäß gleich". Diese Zeichen sind nicht symmetrisch, denn sie besagen, dass das Symbol oder der Ausdruck auf der linken Seite durch den Ausdruck auf der rechten Seite definiert wird.

Beispiel 5.3

$\mathbb{N}^* := \mathbb{N} \setminus \{0\}$,
$\mathbb{R}_{>0} := \{x \in \mathbb{R} \mid x > 0\}$.

Ebenfalls unsymmetrisch ist das Zeichen $\widehat{=}$, das wir „entspricht" aussprechen. Wir kennen es vor allem von Straßenkarten, obwohl dort an seiner Stelle oft fälschlicherweise das Gleichheitszeichen steht.

Beispiel 5.4

Wenn auf einer Straßenkarte 1 cm eine Strecke von 10 km darstellt, steht auf der Karte: Maßstab 1:1 000 000, 1 cm $\widehat{=}$ 10 km (oder falsch 1 cm = 10 km).

Beispiel 5.5
Im Hamburger Hafen gibt es einen Anleger (genau der, an dem wir aussteigen müssen, wenn wir das Musical „König der Löwen“ besuchen wollen), an dem eine nicht mehr ganz neue Tafel mit folgender Aufschrift angebracht ist: „Maximal 900 Personen auf der Anlage $\widehat{=}$ 2 Personen / m²“.

Es gibt auch Zeichen, die dem Anwender einen großen Spielraum lassen. Eines ist das Zeichen $\approx$, mit der Bedeutung „ist ungefähr gleich“. Der Anwender dieses Zeichens muss entscheiden, ob er zwei Größen noch als ungefähr gleich ansieht oder nicht mehr, und das gegebenenfalls auch anderen mitteilen. In der Regel wird das Zeichen verwendet, um Näherungen auszudrücken.

Beispiel 5.6
$\pi \approx 3{,}14$ oder $\sqrt{2} \approx 1{,}41$ sind gängige Näherungen.

Aus dem täglichen Leben sind wir es gewohnt, dass wir genau doppelt so viel zahlen müssen, wenn wir statt 1 kg Äpfel 2 kg derselben Sorte kaufen, denn Preis und Gewicht (eigentlich Masse, aber jeder sagt im Alltag Gewicht) sind zueinander proportional. Zwei Größen sind proportional, wenn sie stets im selben Verhältnis zueinander stehen. Dafür verwenden wir das Zeichen $\sim$, seltener auch das Zeichen $\propto$. Beide Zeichen sprechen wir „ist proportional zu“ aus. Wenn $a \sim b$ gilt, bedeutet das, dass zwischen a und b die Beziehung $a = k \cdot b$ besteht. Die Größe k nennen wir *Proportionalitätskonstante*.

Beispiel 5.7
Wenn 1 kg Äpfel 1,50 € kostet, dann besteht zwischen dem Preis p in € und der Masse m in kg die Beziehung $p = k \cdot m$, wobei $k = 1{,}50$ € / kg ist.

Beispiel 5.8
Der Kreisumfang und der Kreisdurchmesser sind zueinander proportional. Hier ist die Proportionalitätskonstante die Kreiszahl π.

Die Zeichen $<$, $>$, $\leq$, $\geq$, ausgesprochen „kleiner als“, „größer als“, „kleiner gleich“, „größer gleich“ kennen wir schon. Sie müssen nicht erläutert werden. Ungewöhnlicher sind die Zeichen $\ll$ und $\gg$, die wir „viel kleiner als“ bzw. „viel größer als“ aussprechen. Hier ist es wieder dem Anwender überlassen, ob er meint, zwischen zwei Größen bestehen diese Beziehungen oder nicht. Eine Verständigung über die korrekte Verwendung dieser beiden Zeichen kann unter Umständen schwierig sein.

Beispiel 5.9
Es besteht Einigkeit darüber, dass ein Bakterium viel kleiner als ein erwachsener Mensch ist, d. h. 1,7 µm $\ll$ 1,7 m (6 Größenordnungen).

Beispiel 5.10
Die Fläche Bayerns ist viel größer als die Baden-Württembergs, d. h. (gerundet) 70 000 km² $\gg$ 35 000 km² (die gleiche Größenordnung). In diesem Fall wird wohl nicht jeder der Verwendung des Zeichens $\gg$ zustimmen.

Es gibt noch zwei weitere Zeichen, die in einem erweiterten Sinn als Zeichen zum Vergleich ganzer Zahlen aufgefasst werden können.

Der Ausdruck $m \mid n$ bedeutet für ganze Zahlen m und n, dass n ohne Rest durch m teilbar ist, d. h. $\exists\, k \in \mathbb{Z} : mk = n;\ m,n \in \mathbb{Z}$. Wir sprechen das Zeichen $\mid$ aus als „teilt". Ist das nicht der Fall, so verwenden wir das Zeichen $\nmid$, gesprochen „teilt nicht".

Beispiel 5.11
$7 \mid 35$, aber $7 \nmid 38$, sondern lässt bei der Division den Rest 3.

Kommen wir nun zu einem weiteren Zeichen. Wir sind es ja gewohnt, die Uhrzeit auf zwei Arten anzugeben: entweder sagen wir, es sei 15 Uhr oder es sei 3 Uhr nachmittags. Beide Zahlen hängen dadurch zusammen, dass sie sich um 12 unterscheiden, oder, was das Gleiche ist, dass beide bei Division durch 12 den gleichen Rest (nämlich 3) lassen bzw. dass die Differenz der beiden Zahlen durch 12 teilbar ist.

Wenn sich zwei ganze Zahlen n und k um ein Vielfaches der Zahl m unterscheiden, so schreiben wir dafür $n \equiv k \bmod m$ und sprechen es „n ist kongruent k modulo m" aus. Der Ausdruck $n \equiv k \bmod m$ ist gleichbedeutend mit $m \mid (n-k)$.

Beispiel 5.12
Betrachten wir ein regelmäßiges Sechseck, dessen Ecken mit den Zahlen 1 bis 6 nummeriert sind. Wenn wir es um den Mittelpunkt in eine bestimmte Richtung, z. B. im Gegenuhrzeigersinn, um ein Sechstel einer vollen Umdrehung drehen, so kommt es mit dem ursprünglichen Sechseck zur Deckung. Dabei können sowohl Ecken mit unterschiedlicher, als auch mit der gleichen Nummer aufeinander zu liegen kommen. Wir sehen leicht ein, dass immer dann, wenn das Maß des Drehwinkels das Sechsfache von $60°$ beträgt, das ursprüngliche und das gedrehte Sechseck ununterscheidbar sind. Es scheint so, als wäre gar keine Drehung erfolgt. Führen wir also einmal n und ein anderes Mal k Drehungen aus und ist dabei $n \equiv k \bmod 6$, so sind die Ergebnisse dieser beiden Drehungen ununterscheidbar.

6 Operationen

$+ \quad - \quad \pm \quad \mp \quad \cdot \quad / \quad —$

$\sum \quad \prod \quad ! \quad \sqrt{\ } \quad \mathrm{sgn}$

$|\,| \quad \lfloor\,\rfloor \quad \lceil\,\rceil \quad [\,] \quad \mathrm{int} \quad \mathrm{frac}$

max min inf sup

In der Mathematik ist der Begriff *Operation* (oder *Verknüpfung*) ein Oberbegriff, der neben Rechenoperationen mit Zahlen auch z. B. logische Operationen (auf diese sind wir bereits im Kapitel 3 eingegangen) oder geometrische Operationen (diese werden uns im Kapitel 13 beschäftigen) umfasst. In diesem Kapitel werden wir ausschließlich die Rechenoperationen behandeln, zu denen vor allem die bekannten Grundrechenarten Addition, Subtraktion, Multiplikation und Division zählen.

Allen Rechenoperationen ist gemeinsam, dass sie gegebenen Zahlen (manchmal auch nur einer Zahl) eine neue Zahl zuordnen und sowohl (dem Vorgang) der Zuordnung als auch den an der Operation beteiligten Zahlen einen Namen geben. Die bei diesen Operationen verwendeten Rechenzeichen nennen wir auch *Operatoren.*[1]

Das Rechenzeichen + wird „plus“ ausgesprochen. Es ordnet einem Zahlenpaar $(a; b)$ die Zahl $(a + b)$ zu. Diese Zuordnung nennen wir *Addition*, die beiden Zahlen a und b *Summanden*[2] und die zugeordnete Zahl *Summe*. Die Addition ist eine kommutative Operation (d. h. es gilt $a + b = b + a$), die immer ausführbar ist.

Das Rechenzeichen − wird „minus“ ausgesprochen. Dieses Zeichen hat mehrere Bedeutungen. Zunächst einmal ordnet es einem Zahlenpaar $(a; b)$ die Zahl $(a - b)$ zu. Diese Zuordnung nennen wir *Subtraktion*, die Zahl a *Minuend*, die Zahl b *Subtrahend* und die zugeordnete Zahl *Differenz*. Die Subtraktion ist *keine* kommutative Operation (d. h. es gilt $a - b \neq b - a$) und sie ist nicht für jede Zahlenmenge immer ausführbar,

---

[1] von lateinisch *operare* = arbeiten.

[2] In alten Büchern von vor mehr als hundert Jahren werden noch die heute nicht mehr üblichen Begriffe *Augend* für den ersten und *Addend* für den zweiten Summanden verwendet.

denn für natürliche Zahlen a und b existiert z. B. nicht in jedem Fall die Differenz $(a-b)$, d. h. die Gleichung $b + x = a$ hat keine natürliche Zahl x als Lösung. Wir sagen, auf der Menge der natürlichen Zahlen sei die Subtraktion nur eine *partielle* Operation. Der Ausdruck $(a - b)$ ist für natürliche Zahlen nur unter der Bedingung $a \geq b$ definiert.

Das Zeichen $-$ wird auch zur Kennzeichnung negativer Zahlen verwendet und ist dann kein Operator, sondern Teil der Zahldarstellung.

Beispiel 6.1
Die Subtraktion der Zahl 5 von der Null ergibt die Zahl -5, in Zeichen: $0 - 5 = -5$. Auf der linken Seite des Gleichheitszeichens bezeichnet das Minuszeichen einen Operator, auf der rechten Seite ist es dagegen Bestandteil der Zahldarstellung.

Schließlich wird das Minuszeichen auch noch dazu verwendet, um die Multiplikation einer Zahl (oder einer für eine Zahl stehenden Variable) mit -1 zu kennzeichnen.

Beispiel 6.2
$-(-5) = (-1) \cdot (-5) = 5$, bzw. $-a = (-1) \cdot a$.

Um zu unterscheiden, ob das Minuszeichen Bestandteil der Zahldarstellung ist oder ein Operator, kann eine Klammer verwendet werden, wie im Beispiel gezeigt.

Das Pluszeichen für die Addition bzw. das Minuszeichen für die Subtraktion ordnen einem Zahlenpaar eine neue Zahl zu. Deshalb nennen wir diese Zeichen *zweistellige Operatoren*. Das Minuszeichen, das die Multiplikation mit -1 kennzeichnet, ordnet nur einer Zahl eine neue Zahl zu und heißt deshalb *einstelliger Operator*.

Die beiden Zeichen $\pm$ und $\mp$, gesprochen „plus minus" bzw. „minus plus" sind keine Operatoren, sondern nur Schreibvereinfachungen, die es ermöglichen, die Addition und Subtraktion in einem gemeinsamen Ausdruck zusammenzufassen. Die Ausdrücke $(a \pm b)$ oder $(a \mp b)$ fassen die beiden Terme $(a+b)$ und $(a-b)$ zusammen. Konsequenterweise gilt also die Beziehung $-(a \pm b) = -a \mp b$.

Die Zeichen $\pm$ und $\mp$ werden auch häufig dazu verwendet, ein Paar aus einer positiven und einer negativen Zahl mit gleichem Betrag in einem Ausdruck zusammenzufassen. Sehen wir also z. B. das Zahlenpaar $(\pm a; \mp b)$, so ist damit die Zusammenfassung der beiden Zahlenpaare $(a; -b)$ und $(-a; b)$ gemeint.

Beispiel 6.3
Wir wissen, dass die Gleichung $x^2 = 4$ zwei Lösungen hat, nämlich $x_1 = 2$ und $x_2 = -2$. Wir können dafür kurz $x_{1,2} = \pm 2$ schreiben, wobei aber zu beachten ist, dass eine Zahl mit der Darstellung $+2$ nicht definiert ist.

Das Rechenzeichen $\cdot$, ausgesprochen „multipliziert mit" oder „mal", ordnet einem Zahlenpaar $(a; b)$ die Zahl $a \cdot b$ zu und ist ein zweistelliger Operator.[1] Die Zuordnung

[1] Gelegentlich finden wir, vor allem in älterer und englischsprachiger Literatur, als Zeichen für die Multiplikation auch noch das liegende Kreuz $\times$.

nennen wir *Multiplikation*, die Zahl a *Multiplikand*, die Zahl b *Multiplikator* und die zugeordnete Zahl *Produkt*. Die Benennungen Multiplikand und Multiplikator werden aber heute kaum noch verwendet. Wir sprechen in der Regel nur von Faktoren, da die Multiplikation eine kommutative Operation ist (d. h. es gilt $a \cdot b = b \cdot a$) und daher eine begriffliche Unterscheidung ihrer beiden Faktoren nicht mehr als sinnvoll angesehen wird. Falls Verwechslungen ausgeschlossen sind, kann der Punkt auch weggelassen und statt $a \cdot b$ einfach ab geschrieben werden. Dies ist bei der Multiplikation zweier Zahlen natürlich nicht möglich, wohl aber bei der Multiplikation einer Zahl mit einer Variablen, die dann aber immer hinter der Zahl stehen muss.

Beispiel 6.4
$x \cdot 2 = 2x$, nicht $x2$, da eine Verwechslung mit x_2 vor allem bei handschriftlichen Texten nicht auszuschließen ist.

Bei den Grundrechenarten bedürfen schließlich noch die Rechenzeichen / bzw. der waagrechte Strich variabler Länge (Bruchstrich) — der Erläuterung,[1] die wir „durch" oder „geteilt durch" aussprechen und die dem Zahlenpaar $(a; b)$ die Zahl

$$a/b \qquad \text{bzw.} \qquad \frac{a}{b}$$

zuordnen. Diese Zuordnung heißt *Division*, die Zahl a *Dividend*, die Zahl b *Divisor* (Teiler) und die zugeordnete Zahl *Quotient*. Die Division ist *keine* kommutative Operation (d. h. es gilt $a/b \neq b/a$) und sie ist nicht für jede Zahlenmenge immer ausführbar, denn für ganze Zahlen a und b existiert z. B. nicht in jedem Fall der Quotient a/b, d. h. die Gleichung $bx = a$ hat keine ganze Zahl x als Lösung. Wir sagen, auf der Menge der ganzen Zahlen sei die Division nur eine *partielle* Operation, d. h. der Ausdruck a/b ist nicht für alle Zahlenpaare $(a; b)$ definiert.

Beispiel 6.5
$8/4 = 2$, in Worten „8 dividiert durch 4 ist 2".

Ähnlich wie das Minuszeichen sowohl als Zeichen für die Subtraktion, als auch als Teil eines Zahlzeichens verwendet werden kann, haben auch das Divisionszeichen und der Bruchstrich eine doppelte Funktion, denn sie können eine Division bezeichnen oder Teil eines Zahlzeichens für eine rationale Zahl sein.

Warum sagen wir, dass das Divisionszeichen oder der Bruchstrich auch Teil eines Zahlzeichens sein können? Das wollen wir uns klarmachen, indem wir z. B. den Ausdruck 8/3 betrachten. Wir könnten für ihn auch schreiben

$$\frac{8}{3} = 2\frac{2}{3} = 2{,}666\ldots = 2{,}\overline{6}\,,$$

[1] Als Divisionszeichen gibt es auch noch den Doppelpunkt :, den wir „zu" aussprechen und der immer dann verwendet wird, wenn ein Verhältnis angegeben wird wie z. B. Höhe zu Breite als $h : b$. Dabei ist Vorsicht geboten, wenn der Doppelpunkt für Sportergebnisse verwendet wird. Hier gibt es z. B. auch 4:0.

wobei ein Strich über einer Ziffer oder Zifferngruppe eine periodische Wiederholung bezeichnet. Hier wurde zwar fleißig gerechnet um die Dezimalbruchentwicklung bzw. den ganzzahligen Anteil von $8/3$ zu erhalten, tatsächlich aber wurde nur eine bestimmte rationale Zahl auf vier unterschiedliche Arten dargestellt, denn $8/3$ ist eine rationale Zahl und das Divisionszeichen ist hier lediglich ein Bestandteil ihrer Darstellung und nicht die Anweisung, eine Division auszuführen. Aber a/b ist nur dann die Darstellung einer rationalen Zahl, wenn a und b teilerfremde, von null verschiedene natürliche Zahlen sind. Negative rationale Zahlen haben die Darstellung $-a/b$.

Hat ein Lehrer einer Schülerin die Aufgabe „Dividiere 8 durch 3!“ gestellt, so müsste er sich mit der Antwort „8/3“ zufriedengeben oder er muss die Aufgabe präziser stellen und z. B. die Darstellung als periodischen Dezimalbruch verlangen.

Im Verständnis des überwiegenden Teils der Anwender bedeutet die Anweisung, eine Division auszuführen, dass die zugehörige Dezimalbruchentwicklung zu berechnen ist oder zumindest deren Anfang. Ein Grund dafür ist, dass sie mit der Anordnung der natürlichen und (mit Einschränkungen) auch der negativen ganzen Zahlen keine Probleme haben und die Dezimalbruchentwicklung benötigt wird, um die Position einer beliebigen rationalen (oder irrationalen) Zahl in dieser Anordnung zu erkennen.

Beispiel 6.6
Ein Fußgänger legt im Zeitintervall $\Delta t = 1{,}3$ Stunden eine Strecke von $\Delta s = 5{,}9$ Kilometern zurück. Wie groß ist seine mittlere Geschwindigkeit v? Es gilt

$$v = \frac{\Delta s}{\Delta t} = \frac{5{,}9\,\mathrm{km}}{1{,}3\,\mathrm{h}} = \frac{59}{13}\frac{\mathrm{km}}{\mathrm{h}}\,.$$

Damit geben wir uns aber in der Regel nicht zufrieden, sondern wir hätten gern den Anfang der Dezimalbruchentwicklung als Ergebnis, also z. B. $v \approx 4{,}5\,\mathrm{km/h}$. Eine derartige Darstellung muss sogar immer dann verwendet werden, wenn es um eine Kennzeichnung der Anzahl der gültigen Ziffern geht.

Wir möchten oft mehr als zwei Zahlen addieren oder multiplizieren. Für die Summe der n Zahlen einer Folge $a_1; a_2; \ldots; a_n$ gibt es das Summenzeichen

$$\sum_{i=1}^{n} a_i = a_1 + a_2 + \cdots + a_n\,.$$

Das durch diese Gleichung definierte Zeichen sprechen wir als „Summe der a_i von $i = 1$ bis n“ aus. Die Variable i nennen wir *Laufindex* oder *Summationsindex*, die Zahlen 1 und n oberere bzw. untere *Summationsgrenze*.

Beispiel 6.7
Wie groß ist die Summe der ersten fünf Quadratzahlen?

$$\sum_{i=1}^{5} i^2 = 1 + 4 + 9 + 16 + 25 = 55\,.$$

Für das Summenzeichen gibt es Verallgemeinerungen in der Form

$$\sum_{i=k}^{n} a_i\,, \quad \sum_{i=-n}^{n} a_i\,, \quad \sum_{i=0}^{\infty} a_i\,, \quad \sum_{i=-\infty}^{\infty} a_i\,, \quad \sum_{i\in\mathbb{Z}} a_i\,,$$

wobei der letzte Ausdruck bedeutet, dass der Summationsindex jeden Wert aus der Menge der ganzen Zahlen annimmt.

Für das Produkt der n Zahlen einer Folge $a_1; a_2; \ldots ; a_n$ gibt es das Produktzeichen

$$\prod_{i=1}^{n} a_i = a_1 \cdot a_1 \cdot \cdots \cdot a_n\,.$$

Das durch diese Gleichung definierte Zeichen wird „Produkt der a_i von $i = 1$ bis n“ ausgesprochen. Die Variable i heißt auch hier Laufindex. Für das Produktzeichen gelten die gleichen Verallgemeinerungen wie für das Summenzeichen.

Ein besonderes Produkt ist in der Mathematik von großer Bedeutung, nämlich

$$n! = \prod_{i=1}^{n} i = 1 \cdot 2 \cdot 3 \cdot \cdots \cdot n\,.$$

Das Symbol $n!$ sprechen wir „n-Fakultät“[1] aus. Um Fallunterscheidungen zu vermeiden, definieren wir zusätzlich noch $0! = 1$.

Mit steigenden Werten von n wachsen die Fakultäten sehr schnell an, sodass auf handelsüblichen Taschenrechnern 70! (41 Ziffern!) nicht mehr berechenbar ist.

Beispiel 6.8
$100! \approx 9{,}33 \cdot 10^{157}$, $1000! \approx 4{,}02 \cdot 10^{2567}$.

Für ein weiteres wichtiges Produkt gibt es ebenfalls eine Kurzschreibweise:

$$\prod_{i=1}^{n} a = a^n\,,$$

ausgesprochen „a hoch n“. Für a^2 sagen wir „a zum Quadrat“ oder kurz „a Quadrat“.

Der Ausdruck a^n lässt sich zu a^p verallgemeinern, mit den reellen Zahlen p und $a > 0$. Wir nennen a^p *Potenz*, a die *Basis* und p den *Exponenten* der Potenz. Für Potenzen gelten unter anderem die folgenden Beziehungen:

$$a^0 = 1 \qquad \text{und} \qquad a^{-p} = \frac{1}{a^p}\,, \qquad \text{insbesondere also} \qquad a^{-1} = \frac{1}{a}\,,$$

sowie die Rechenregeln $a^p \cdot a^q = a^{p+q}$ und $(a^p)^q = a^{p \cdot q}$.

---

[1] von lateinisch *facultas* = Fähigkeit, Vermögen, Vollmacht

Beispiel 6.9
$\left(5^5\right)^5 = 5^{25}$, aber $5^{5^5} = 5^{(5^5)} = 5^{3125}$.

Ein wichtiger Sonderfall der Potenzschreibweise ist $a^{1/2}$ für den immer nichtnegativen Ausdruck $\sqrt{a}$, gesprochen „Quadratwurzel aus a“ oder kurz „Wurzel aus a“. Die Zahl a heißt *Radikand*.[1] Wenn wir das verallgemeinern, d. h. für den Exponenten Stammbrüche[2] wählen, so erhalten wir die stets positive Zahl $a^{1/n}$, gesprochen „n-te Wurzel aus a“. Für diesen Ausdruck gibt es auch die Schreibweise $\sqrt[n]{a}$.

Beispiel 6.10
Die Gleichung $x^4 = 16$ hat in der Menge der reellen Zahlen die beiden Lösungen $x_1 = \sqrt[4]{16} = 2$ und $x_2 = -\sqrt[4]{16} = -2$. Die Gleichung $x^4 = -16$ hat dagegen keine reelle Lösung, da bereits die quadratische Gleichung $x^2 = -16$ keine besitzt.

Die Gleichung $x^3 = 8$ hat die reelle Lösung $x = \sqrt[3]{8} = 2$, die Gleichung $x^3 = -8$ die reelle Lösung $x = -\sqrt[3]{8} = -2$. Es wäre aber falsch, die Lösung als $x = \sqrt[3]{-8}$ zu schreiben, weil hierbei die Bedingung $a > 0$ nicht erfüllt ist. Leider lassen manche Taschenrechner fälschlicherweise negative Radikanden zu.

Das eine Irrationalzahl bezeichnende Symbol $\sqrt{11}$ wird in der Regel als Aufgabe interpretiert, den Anfang ihrer Dezimalbruchentwicklung (mit dem Taschenrechner) zu bestimmen, d. h. die Zahl 3,316 ... .

Oft interessiert uns bei einer Zahl nur, ob sie größer oder kleiner als Null ist, z. B. auf unseren Kontoauszügen. Das führt uns zum Zeichen $\operatorname{sgn}(a)$, gesprochen „Signum[3] von a“. Dieses Zeichen ist definiert durch:

$$\operatorname{sgn}(a) = \begin{cases} 1 \text{ wenn } a > 0 \\ 0 \text{ wenn } a = 0 \\ -1 \text{ wenn } a < 0 \end{cases} .$$

Beispiel 6.11
$\operatorname{sgn}(5{,}7) = 1$ und $\operatorname{sgn}(-\pi) = -1$.

Häufig wird gesagt, $\operatorname{sgn}(a)$ sei das Vorzeichen von a. Das ist aber nicht korrekt, denn Zahlen haben kein Vorzeichen.

In engem Zusammenhang mit dem Zeichen $\operatorname{sgn}(a)$ steht das Zeichen $|a|$,[4] das wir „Betrag von a“ aussprechen. Dieses Zeichen ist definiert durch

$$|a| = a \cdot \operatorname{sgn}(a) = \begin{cases} a \text{ wenn } a \geq 0 \\ -a \text{ wenn } a < 0 \end{cases} .$$

[1] von lateinisch *radicare* = verwurzeln, Wurzeln schlagen

[2] Ein Stammbruch ist eine rationale Zahl der Form $1/n$.

[3] von lateinisch *signum* = Zeichen, Vorzeichen

[4] Wir kennen dieses Zeichen schon in einer anderen Bedeutung, nämlich als einer Menge.

Beispiel 6.12
Ein Kontoauszug weist den Kontostand $a = -500{,}00\,€$ aus, d. h. der Kontoinhaber hat $|a| = 500{,}00\,€$ Schulden bei der Bank.

Auf Taschenrechnern gibt es statt des Betragszeichens eine Taste mit der Aufschrift „abs". Dieses Kürzel steht für den veralteten Begriff „Absolutbetrag".

Manchmal müssen Zahlen ab- oder aufgerundet werden. Dafür gibt es die Zeichen $\lfloor a \rfloor$, gesprochen „a abgerundet auf eine ganze Zahl" oder „floor[1] a" und $\lceil a \rceil$, gesprochen „a aufgerundet auf eine ganze Zahl" oder „ceil[2]a".

Das Zeichen $\lfloor a \rfloor$ bezeichnet die größte ganze Zahl kleiner oder gleich a, das Zeichen $\lceil a \rceil$ ist die kleinste ganze Zahl größer oder gleich a.

Beispiel 6.13
$\lfloor 2{,}3 \rfloor = 2$, $\lceil 2{,}3 \rceil = 3$, $\lfloor -2{,}3 \rfloor = -3$, $\lceil -2{,}3 \rceil = -2$, $\lfloor 2 \rfloor = \lceil 2 \rceil = 2$.

In der Literatur gibt es auch das Zeichen $\lceil a \rfloor$, gesprochen „a gerundet auf eine ganze Zahl". Dieses Zeichen ist durch $\lceil a \rfloor = \lfloor a + 0{,}5 \rfloor$ definiert. Das ist die Rundungsregel, die in der Schule gelehrt wird (sogenannte „kaufmännische Rundung").

Beispiel 6.14
$\lceil 2{,}4 \rfloor = \lfloor 2{,}4 + 0{,}5 \rfloor = \lfloor 2{,}9 \rfloor = 2$, $\lceil 2{,}6 \rfloor = \lfloor 2{,}6 + 0{,}5 \rfloor = \lfloor 3{,}1 \rfloor = 3$.

In bestimmten Fällen interessiert uns nur der Teil einer Zahl a, der vor oder nach dem Dezimaltrennzeichen steht. Dafür gibt es die Zeichen $\operatorname{int}(a)$,[3] gesprochen „ganzzahliger Anteil von a" bzw. $\operatorname{frac}(a)$,[4] gesprochen „gebrochener Anteil von a". Diese Zeichen sind durch $\operatorname{int}(a) = \operatorname{sgn}(a) \cdot \lfloor |a| \rfloor$ bzw. $\operatorname{frac}(a) = a - \operatorname{int}(a)$ definiert. Für negative Zahlen ist demzufolge $\operatorname{frac}(a)$ eine negative Zahl, was gewöhnungsbedürftig ist.

Beispiel 6.15
$\operatorname{int}(2{,}3) = 2$; $\operatorname{int}(-2{,}3) = -2$; $\operatorname{frac}(2{,}3) = 0{,}3$; $\operatorname{frac}(-2{,}3) = -0{,}3$.

Wir kommen nun zu den letzten Zeichen dieses Kapitels. Wir betrachten zunächst eine endliche Zahlenmenge A. Mit dem Zeichen $\max(A)$, gesprochen „Maximum von A" bezeichnen wir die größte Zahl dieser Zahlenmenge, mit $\min(A)$, gesprochen „Minimum von A", ihre kleinste Zahl.

Beispiel 6.16
Für $A = \{1; 2; 3\}$ ist $\max(A) = 3$ und $\min(A) = 1$.

Für eine unendliche Zahlenmenge kann die Möglichkeit nicht ausgeschlossen werden, dass es kein Minimum oder Maximum gibt.

---

[1] von englisch *floor* = Fußboden
[2] von englisch *ceiling* = Zimmerdecke
[3] von lateinisch *integer* = unangetastet
[4] von lateinisich *frangere* (Substantiv *fractio*) = brechen

Beispiel 6.17
Ist $A = \left\{1; \frac{1}{2}; \frac{1}{3}; ...\right\}$ die Menge der Stammbrüche, so ist zwar $\max(A) = 1$, aber $\min(A)$ existiert nicht, da die Stammbrüche sich beliebig weit der Null annähern, ohne sie jedoch zu erreichen. Wir sehen aber, dass Null die größte untere Schranke der Menge A ist, da es für jede Zahl $c > 0$ unendlich viele Elemente der Menge gibt, die kleiner als c sind, d. h. $\forall c > 0\, \exists n \in \mathbb{N} : \frac{1}{n} < c$.

Mit inf(A), gesprochen „Infimum von A", bezeichnen wir die größte untere Schranke einer nach unten beschränkten Menge A, mit sup(A), gesprochen „Supremum von A", die kleinste obere Schranke einer nach oben beschränkten Menge A.[1] Besitzt die Menge ein Maximum oder ein Minimum, so stimmen diese Zahlen mit ihrem Supremum bzw. Infimum überein.[2] Für endliche Mengen ist das immer der Fall.

Beispiel 6.18
Für die Menge der Stammbrüche ist $\inf(A) = 0$ (siehe dazu Beispiel 6.17).

Für die Menge $B = \left\{\frac{n}{n+1} \,\middle|\, n = 0; 1; 2; 3; ...\right\}$ ist $\min(B) = 0$ und $\sup(B) = 1$.

Für die Menge $C = \left\{\left(1 + \frac{1}{n}\right)^n \,\middle|\, n = 1; 2; 3; ...\right\}$ ist $\min(B) = 2$ und $\sup(B) = \mathrm{e}$, wobei e die Eulersche Zahl[3] bezeichnet.

Ist eine Menge A nicht nach oben bzw. nach unten beschränkt, so schreiben wir gelegentlich $\sup(A) = +\infty$ bzw. $\inf(A) = -\infty$.

Die Klammern hinter den Operatoren sgn, int, frac, max, min, sup, inf werden oft weggelassen, d. h. wir schreiben z. B. statt max(A) einfach nur max A. Betrachten wir beschränkte reelle Intervalle, so ist dabei aber Vorsicht geboten.

Beispiel 6.19
Es gilt zwar $\max(\{1; 3\}) = \max\{1; 3\} = 3$ und $\max([1; 3]) = \max[1; 3] = 3$, aber $\max((1; 3)) = \max(1; 3)$ existiert nicht und darf nicht mit $\max\{1; 3\}$ verwechselt werden. Diese Gefahr lässt sich aber verringern, wenn für das offene Intervall die Schreibweise $]1; 3[$ verwendet wird.

---

[1] Unter einer *unteren* bzw. einer *oberen Schranke* einer Menge verstehen wir eine Zahl, die kleiner gleich bzw. größer gleich als jedes Element der Menge ist.

[2] von lateinisch *maximus* = größtes, *minimus* = kleinstes, *supremus* = höchstes und *infimus* = niedrigstes

[3] Benannt nach **Leonhard Euler**. Leonhard Euler, geboren 1707-04-15 in Basel, gestorben 1783-09-18 in Sankt Petersburg, Russland, war ein schweizerischer Mathematiker und Physiker.

7 Kombinatorik

$! \quad \underline{k} \quad [\,]_k \quad \overline{k} \quad (\,)_k \quad \binom{n}{k}$

$C_n^k \quad {}^RC_n^k \quad V_n^k \quad {}^RV_n^k$

Das Fakultätszeichen ! haben wir bereits im vorhergehenden Kapitel definiert. Es muss also nicht weiter erläutert werden. Wir wollen hier nur daran erinnern, denn wir werden die Fakultät in diesem Kapitel mehrfach benötigen. Es gilt

$$n! = \prod_{i=1}^{n} i \qquad \text{und} \qquad 0! = 1\,.$$

Die Zeichen $n^{\underline{k}}$ und $[n]_k$ haben dieselbe Bedeutung. Es gilt

$$n^{\underline{k}} = n \cdot (n-1) \cdot \dots \cdot (n-k+1) \qquad \text{und} \qquad n^{\underline{0}} = 1\,.$$

Wir nennen diese Zeichen *fallende Faktorielle*. Mithilfe des Fakultätszeichens können wir sie auch folgendermaßen ausdrücken:

$$n^{\underline{k}} = \frac{n!}{(n-k)!}\,.$$

Die beiden Zeichen $n^{\overline{k}}$ und $(n)_k$ haben ebenfalls dieselbe Bedeutung. Es gilt:

$$n^{\overline{k}} = n \cdot (n-1) \cdot \dots \cdot (n+k-1) \qquad \text{und} \qquad n^{\overline{0}} = 1\,.$$

Wir nennen diese Zeichen *steigende Faktorielle*. Auch diese Zeichen können wir mithilfe des Fakultätszeichens ausdrücken:

$$n^{\overline{k}} = \frac{(n+k-1)!}{(n-1)!}\,.$$

Das Zeichen $\binom{n}{k}$ nennen wir *Binomialkoeffizient* und sprechen es „n über k“ oder auch „k aus n“ aus. Es ist definiert durch die Beziehung

$$\binom{n}{k} = \frac{n!}{k! \cdot (n-k)!}\,.$$

Der Name dieses Zeichens rührt von binomischen Formeln her. Entwickeln wir nämlich die Klammer nach fallenden Potenzen von a, dann erhalten wir

$$(a+b)^n = \binom{n}{0}a^n b^0 + \binom{n}{1}a^{n-1}b^1 + \cdots + \binom{n}{k}a^{n-k}b^k + \cdots + \binom{n}{n}a^0 b^n\,.$$

bzw.

$$(a+b)^n = \sum_{i=0}^{n} \binom{n}{i} a^{n-i} b^i\,.$$

Oft benötigen wir die Beziehungen

$$\binom{n}{0} = \binom{n}{n} = 1 \qquad \text{und} \qquad \binom{n}{1} = \binom{n}{n-1} = n\,,$$

sowie die Symmetriebeziehung

$$\binom{n}{k} = \binom{n}{n-k}\,.$$

Die folgenden vier Zeichen gehören zur Grundausstattung der Kombinatorik. Mit ihnen lassen sich die Lösungen vieler Probleme darstellen. Wir erläutern ihre Anwendung an Musterproblemen.

Problem 7.1
Nebeneinander stehen n offene Behälter (wenn sie nicht nebeneinander stehen, dann müssen wir sie, beginnend mit 1, durchnummerieren).

Wie viele verschiedene Möglichkeiten gibt es, k ununterscheidbare Kugeln auf die Behälterreihe zu verteilen, wenn in jeden Behälter höchstens eine Kugel gelegt werden darf?

Die gesuchte Anzahl ist

$$C_n^k = \binom{n}{k}\,.$$

Wir nennen diese Zahl *Anzahl der Kombinationen ohne Wiederholungen.*

Viele handelsübliche Taschenrechner haben zur Ermittlung dieser Zahl eine eigene Taste oder es ist die Zweitbelegung einer Taste (meist beschriftet mit „nCr“). Diese Taste ist notwendig, da die Berechnung der Fakultäten, wie wir gesehen haben, bereits für Werte von 70 oder mehr (für k oder n) scheitert.

Beispiel 7.1
Wie viele Möglichkeiten gibt es, in 49 von 1 bis 49 durchnummerierte Behälter 6 Kugeln zu verteilen, und in keinen davon mehr als eine Kugel zu legen? Es sind

$$C_{49}^{6} = \binom{49}{6} = 13\,983\,816$$

Möglichkeiten. Diese Zahl kennt jeder Lottospieler (hier entsprechen die Nummern der belegten Behälter den gezogenen Zahlen). Das Spiel heißt deshalb auch „Lotto 6 aus 49“ und die Wahrscheinlichkeit, sechs Richtige in einem Feld des Lottoscheins angekreuzt zu haben, ist $1{:}13\,983\,816$.

Problem 7.2
Die Situation ist die gleiche wie für das Problem 7.1, aber nun dürfen auch mehrere Kugeln in einem Behälter sein. Wie viele Möglichkeiten gibt es jetzt?

Die gesuchte Anzahl ist

$${}^{R}C_{n}^{k} = \binom{n+k-1}{k}.$$

Wir nennen diese Zahl *Anzahl der Kombinationen mit Wiederholungen*.

Physiker erkennen in den beiden Problemen ein typisches Verhalten von Fermionen (Problem 7.1) und Bosonen (Problem 7.2) wieder, wobei die unterschiedlichen Behälter mit den Quantenzuständen identifiziert werden. Allerdings ist in der Quantenmechanik die Anzahl der Zustände nicht notwendigerweise endlich.

Problem 7.3
In einem Behälter (die Mathematiker sagen auch Urne dazu) liegen gut durchgemischt n durchnummerierte, ansonsten aber ununterscheidbare Kugeln. Wir ziehen, ohne in den Behälter zu schauen, nacheinander k Kugeln heraus und legen sie in einer Reihe nebeneinander. Wie viele solche Zugfolgen gibt es?

Die gesuchte Anzahl ist

$$V_{n}^{k} = n^{\underline{k}}.$$

Wir nennen diese Zahl *Anzahl der Variationen ohne Wiederholungen*.

Viele handelsübliche Taschenrechner haben zur Ermittlung dieser Zahl eine eigene Taste oder es ist die Zweitbelegung einer Taste (meist beschriftet mit „nPr“).

Sind n und k gleich, d. h. ziehen wir nacheinander alle Kugeln, so ergibt sich die Anzahl $V_n^n = n!$. In diesem speziellen Fall sprechen wir nicht mehr von *Variationen ohne Wiederholungen*, sondern von *Permutationen.*[1]

Beispiel 7.2
Es gibt $3! = 6$ verschiedene Möglichkeiten, die Ziffern 1, 2 und 3 der Reihe nach anzuordnen: $(1;2;3)$, $(1;3;2)$, $(2;1;3)$, $(2;3;1)$, $(3;1;2)$, $(3;2;1)$. Wir könnten auch sagen, dass es 6 verschiedene dreistellige Zahlen mit den Ziffern 1, 2 und 3 gibt.

Problem 7.4
Wir ziehen aus dem Behälter von Problem 7.3 k-mal nacheinander jeweils eine Kugel, notieren die Nummer und mischen die Kugel danach wieder unter die anderen Kugeln im Behälter. Wie viele Zugfolgen gibt es jetzt?

Die gesuchte Anzahl ist

$$^{R}V_n^k = n^k \,.$$

Wir nennen diese Zahl *Anzahl der Variationen mit Wiederholungen.*

Beispiel 7.3
Ein Zahlenschloss habe vier Ringe, die mit den Ziffern 0 bis 9 beschriftet sind. Wie viele verschiedene Einstellmöglichkeiten gibt es? Es sind

$$^{R}V_{10}^4 = 10^4 \,.$$

[1] von lateinisch *permutare* = vertauschen

8 Funktionen

$\rightarrow \quad \mapsto \quad \circ \quad \lim\limits_{x \to a} \quad \mathrm{d} \quad \partial \quad \int$

Eine Funktion f ist eine *Zuordnung*, die jedem Element einer bestimmten Menge D, der sogenannten *Definitionsmenge*, genau ein Element einer Menge W, der sogenannten *Wertemenge* oder *Bildmenge*,[1] zuordnet. Dabei kann es Elemente von W geben, die keinem Element von D zugeordnet sind. Die Mengen D und W können abzählbar (endlich oder unendlich) sein oder auch die Mächtigkeit des Kontinuums haben.

Beispiel 8.1
Die Definitionsmenge D sei die Menge der in Deutschland zugelassen Kraftfahrzeuge und die Wertemenge W die Menge der möglichen Kennzeichen (die nach bestimmten Regeln gebildet sind, z. B. maximal 8 Ziffern oder Buchstaben). Jedem Kraftfahrzeug ist ein bestimmtes Kennzeichen zugeordnet, aber es gibt viele Kennzeichen, die nicht vergeben sind. Hier ist die Mächtigkeit der Wertemenge größer als die Mächtigkeit der Definitionsmenge und beide sind endlich.

Beispiel 8.2
Es sei D wieder die Menge aus dem Beispiel 8.1, aber W diesmal die Menge der Schadensfreiheitsklassen. Wieder ist die Zuordnung eindeutig. Die Mächtigkeit der Wertemenge ist aber viel kleiner als die der Definitionsmenge.

Im Folgende beschränken wir uns bei den Definitions- und Wertemengen nur auf Zahlenmengen. In diesem Fall sagen wir statt Zuordnung auch *Abbildung*. Wir schreiben $f : D \rightarrow W$ für „f bildet D in W ab“. Können wir mithilfe einer Rechenvorschrift T für jeden Wert $x \in D$ den zugeordneten Wert $T(x) \in W$ bestimmen, so schreiben wir $f : x \mapsto T(x)$ und sagen „x wird auf $T(x)$ abgebildet“.

[1] In Schulbüchern wird oft noch zusätzlich zwischen der Bildmenge (im Allgemeinen die Menge der reellen Zahlen) und der Wertemenge $W = f(D)$ unterschieden.

Beispiel 8.3
$f : \mathbb{Z} \to \mathbb{N}$ mit $T(x) = x^2$, d. h. jeder ganzen Zahl wird ihr Quadrat zugeordnet.

Setzen wir, wenn Verwechslungen ausgeschlossen sind, abkürzend $y = T(x)$, so schreiben wir statt $f : x \mapsto T(x)$ einfach $f : x \mapsto y$ oder kürzer $x \overset{f}{\longmapsto} y$.

Beispiel 8.4
Ist $y = T(x) = x^2$, so schreiben wir $f : x \mapsto x^2$ bzw. $x \overset{f}{\longmapsto} x^2$.

Beispiel 8.5
$\pi \overset{\cos}{\longmapsto} -1.$

Es hat sich eingebürgert, den die Abbildung f definierenden Term $T(x)$ als $f(x)$ zu schreiben, womit sich statt $x \overset{f}{\longmapsto} T(x)$ die Schreibweise $x \mapsto f(x)$ und statt $y = T(x)$ $y = f(x)$ ergeben. Der Ausdruck $f(x)$ heißt *Funktionsterm* der Funktion f. Wir müssen aber strikt vermeiden, von der „Funktion $y = f(x)$“ zu sprechen. Wir können allenfalls von der „Funktion f mit der Gleichung $y = f(x)$“ sprechen.

Beispiel 8.6
In Klausuraufgaben lesen wir oft „Gegeben ist die Funktion $y = f(x) \ldots$“, wobei $f(x)$ irgendein Term ist. Das ist Unsinn! Korrekt könnte es für einen Funktionsterm $f(x)$ heißen „Gegeben ist die Funktion $x \mapsto f(x) \ldots$“. Außerdem müssen auch die Definitionsmenge und die Wertemenge angegeben werden.

Noch ein Wort zur Definitionsmenge: Da eine Funktion jedem Wert von D genau *einen* Wert von W zuordnet, hängt D immer vom Funktionsterm $T(x)$ bzw. $f(x)$ ab.

Beispiel 8.7
Für den Funktionsterm $f(x) = x^{-1}$ ist es falsch, von der Funktion $f : [-1; 1] \to \mathbb{R}$ zu sprechen, da in diesem Fall der Null kein Wert zugeordnet werden kann. Wir müssen hier $f : [-1; 1] \setminus \{0\} \to \mathbb{R}$ schreiben.

Wenn wir im Folgenden für eine Funktion f keine Definitionsmenge angeben, dann meinen wir immer die maximale Definitionsmenge, d. h. $D_f = D_{\max}$. Im Beispiel 8.7 ist also $D_{\max} = [-1; 1] \setminus \{0\}$.

Häufig sind Funktionen aus einfacheren Funktionen zusammengesetzt. Unter dem Ausdruck $g \circ f$, gesprochen „g verkettet mit f“ oder „g nach f“, verstehen wir die Funktion $g \circ f : x \mapsto g(f(x))$. Diese Funktion ist nur dann definiert, wenn die Wertemenge von f mit der Definitionsmenge von g übereinstimmt. Die Verkettung ist nicht kommutativ, d. h. im Allgemeinen ist $g \circ f \neq f \circ g$.

Beispiel 8.8
Für die Funktionen $f : x \mapsto x^2$ und $g : x \mapsto \sin(x)$ ist $g \circ f : x \mapsto \sin\left(x^2\right)$ und $f \circ g : x \mapsto \left(\sin(x)\right)^2$, d. h. in diesem Fall ist $g \circ f \neq f \circ g$.

Einen Sonderfall bilden Funktionen, für die es zu jedem Wert der Wertemenge genau *einen* Wert der Definitionsmenge gibt. Diese Funktionen nennen wir *umkehrbar*. Eine Funktion g heißt *Umkehrfunktion* einer Funktion f, wenn $g \circ f : x \mapsto x$ gilt, d. h. wenn $g(f(x)) = x$ ist. Offenbar gilt dann auch $f \circ g : x \mapsto x$, d. h. jede der beiden Funktionen ist die Umkehrfunktion der anderen. Wir bezeichnen die Umkehrfunktion von f mit f^{-1} und es gilt daher $f^{-1}(f(x)) = x$ und $f\left(f^{-1}(x)\right) = x$.

Beispiel 8.9
Für die Funktion $f : [0;2] \to [0;4]$ mit $f(x) = x^2$ ist $f^{-1} : [0;4] \to [0;2]$ mit $f^{-1}(x) = \sqrt{x}$ die Umkehrfunktion.

Beispiel 8.10
Die Funktion $f : x \mapsto \dfrac{1}{x}$ mit $D = \mathbb{R} \setminus \{0\}$ ist Umkehrfunktion von sich selbst.

Beim Umgang mit Umkehrfunktionen müssen wir in dreifacher Hinsicht aufpassen:
Erstens: $f^{-1}(x)$ hat nicht die gleiche Bedeutung wie $\left(f(x)\right)^{-1} = \dfrac{1}{f(x)}$.

Beispiel 8.11
Für $f(x) = x^3$ mit $D = \mathbb{R}_{>0}$ ist $f^{-1}(x) = \sqrt[3]{x}$, aber $\left(f(x)\right)^{-1} = x^{-3}$.

Zweitens: In vielen Lehrbüchern wird $f^2 = f \circ f$ häufig nicht konsequent mit der Bedeutung $f^2(x) = f\left(f(x)\right)$ verwendet, sondern $\left(f(x)\right)^2$ darunter verstanden.

Beispiel 8.12
Für $f(x) = \sin(x)$ gilt der Definition entsprechend $f^2(x) = \sin^2(x) = \sin\left(\sin(x)\right)$. Tatsächlich wird aber von fast allen Mathematikern und Anwendern $\sin^2(x)$ mit der Bedeutung $\left(\sin(x)\right)^2$ verwendet.

Bei den Winkelfunktionen und zunehmend auch bei anderen speziellen Funktion wie z. B. $f : x \mapsto \ln(x)$ wird $f^n(x)$ mit $\left(f(x)\right)^n$ gleichgesetzt. Und das führt uns zu

Drittens: Diese Aussage gilt selbst bei speziellen Funktionen *nicht* für $n = -1$, d. h. f^{-1} bedeutet *immer* die Umkehrfunktion von f.

Das Verhalten der Funktion in Abhängigkeit von den Werten ihres Arguments wird oft auch durch Grenzwerte beschrieben. Unter dem Ausdruck $\lim\limits_{x \to a} f(x) = b$ bzw. $\lim_{x \to a} f(x) = b$, gesprochen „Limes[1] $f(x)$ für x gegen a ist b“, verstehen wir, dass sich $|f(x) - b|$ immer weiter der Null annähert, wenn sich $|x - a|$ immer weiter der Null annähert. Dabei muss ein (möglicherweise sehr kleines) Intervall symmetrisch zu a, aus dem a gegebenenfalls ausgeschlossen werden muss, eine Teilmenge von D sein.

---

[1] von lateinisch *limes* = Grenze, Grenzweg, Grenzwall

Beispiel 8.13
$\lim\limits_{x\to 1} \dfrac{x^2-1}{x-1} = 2$ mit $1 \notin D$.

Beispiel 8.14
$\lim\limits_{x\to 1} \left(2+\sqrt{x^2-1}\right) = 2$ mit $1 \in D$.

Betrachten wir nur $x > a$ bzw. $x < a$, so sprechen wir von einem *rechtsseitigen Limes* bzw. einem *linksseitigen Limes* und schreibt dafür $\lim\limits_{x\to a+} f(x)$ bzw. $\lim\limits_{x\to a-} f(x)$. Diese beiden Grenzwerte müssen nicht gleich sein. Es kann auch sein, dass es für bestimmte Definitionsmengen nur einen der beiden Grenzwerte gibt.

Beispiel 8.15
Es ist $\lim\limits_{x\to 0+} 2^{-1/x} = 0$, aber $\lim\limits_{x\to 0-} 2^{-1/x}$ ist nicht definiert, auch wenn wir stattdessen in derartigen Fällen manchmal $\lim\limits_{x\to 0-} 2^{-1/x} = +\infty$ lesen.

Wir müssen aufpassen, wenn, wie in diesem Beispiel, scheinbar ein unendlicher Grenzwert durch die Zeichen $+\infty$ oder $-\infty$ angegeben wird. Das Gleichheitszeichen suggeriert die Existenz dieses Grenzwerts. Tatsächlich bedeutet das aber nur, dass der Grenzwert nicht existiert, denn weder $+\infty$ noch $-\infty$ bezeichnen eine Zahl.

Wenn rechtsseitiger und linksseitiger Limes gleich sind, d. h. wenn $\lim\limits_{x\to a+} f(x) = b$ und $\lim\limits_{x\to a-} f(x) = b$ ist, dann existiert der Grenzwert, d. h. es gilt $\lim\limits_{x\to a} f(x) = b$.

Unter dem Ausdruck $\lim\limits_{x\to +\infty} f(x) = b$, gesprochen „Limes $f(x)$ für x gegen plus unendlich ist b", und dem Ausdruck $\lim\limits_{x\to -\infty} f(x) = b$, gesprochen „Limes $f(x)$ für x gegen minus unendlich ist b", verstehen wir, dass $|f(x) - b|$ sich immer mehr der Null annähert, wenn x unbegrenzt größer bzw. kleiner wird.

Beispiel 8.16
Es ist $\lim\limits_{x\to +\infty} \dfrac{2^x-1}{2^x+1} = 1$ und $\lim\limits_{x\to -\infty} \dfrac{2^x-1}{2^x+1} = -1$.

Sind die beiden Grenzwerte $\lim\limits_{x\to +\infty} f(x)$ und $\lim\limits_{x\to -\infty} f(x)$ gleich, dann können wir auch den Ausdruck $\lim\limits_{x\to \infty} f(x)$ verwenden.

Beispiel 8.17
$\lim\limits_{x\to \infty} 2^{-1/x^2} = 1$

Unter der *Ableitungsfunktion* bzw. der *Ableitung* f' einer Funktion f verstehen wir die Funktion

$$f' : a \mapsto \lim_{x\to a} \frac{f(x) - f(a)}{x - a}$$

Die Ableitungsfunktion f' ist nur für Werte von a definiert, für die der Grenzwert existiert. Insbesondere darf a nicht auf dem Rand der Definitionsmenge von f liegen.

Die Ableitungsfunktion f' einer Funktion f ordnet jedem Punkt $(a; f(a))$ auf dem Graphen der Funktion den Wert der Steigung der Tangente in diesem Punkt zu, unter der Voraussetzung, dass die Tangente dort existiert.

Beispiel 8.18
Für $f(x) = x^2$ gilt

$$\lim_{x\to a} \frac{x^2 - a^2}{x - a} = 2a\,,$$

also ist $f' : a \mapsto 2a$, bzw. $f'(a) = 2a$. Da der Name der Variablen frei wählbar ist, können wir $f(x) = x^2 \Rightarrow f'(x) = 2x$ schreiben.

Der Funktionsterm $f'(x)$ heißt auch *Ableitung von f nach x*. Die Berechnung von $f'(x)$ nennen wir *ableiten* oder *differenzieren* von $f(x)$.

Die Definitionsmenge von f' muss nicht mit der von f übereinstimmen.

Beispiel 8.19
Für den Funktionsterm $f(x) = |x|$ gilt die Umformung

$$\frac{|x| - |a|}{x - a} = \frac{\big(|x| - |a|\big)\big(|x| + |a|\big)}{(x - a)\big(|x| + |a|\big)} = \frac{x^2 - a^2}{(x - a)\big(|x| + |a|\big)} = \frac{x + a}{|x| + |a|}$$

und damit

$$\lim_{x\to a} \frac{|x| - |a|}{x - a} = \frac{2a}{2\,|a|} = \frac{a}{|a|}\,,$$

d. h.

$$f(x) = |x| \Rightarrow f'(x) = \frac{x}{|x|}\,,$$

ein Term, der für $x = 0$ nicht definiert ist.

Beispiel 8.20
Es sei $f(x) = \sqrt{x}$. Da $D = [0; +\infty[$ gilt, ist f' bei $x = 0$ nicht definiert.

In Anlehnung an den Quotienten in der Definition der Ableitungsfunktion schreiben wir auch

$$f'(x) = \frac{\mathrm{d}f(x)}{\mathrm{d}x}\,,$$

wobei der Buchstabe d an den Begriff „Differenz“ erinnert. Es sei an dieser Stelle auch ausdrücklich darauf hingewiesen, dass dieser Buchstabe nicht kursiv geschrieben werden darf, denn es handelt sich nicht um eine Größe.

Bilden wir die Ableitung der Ableitung einer Funktion f, so schreiben wir für den zugehörigen Funktionsterm

$$f''(x) = f^{(2)}(x) = \frac{\mathrm{d}^2 f(x)}{\mathrm{d}x^2}$$

und nennen diese Ausdrücke *zweite Ableitung von f nach x*. Analog heißen die Ausdrücke

$$f^{(n)}(x) = \frac{\mathrm{d}^n f(x)}{\mathrm{d}x^n}$$

n-te Ableitung von f nach x.[1]

An dieser Stelle müssen wir schon wieder aufpassen: Die Ausdrücke $f^{(n)}(x)$ und $f^n(x)$ haben unterschiedliche Bedeutungen.

Eine Funktion F, für die $F' = f$ ist, nennen wir *Stammfunktion der Funktion f*. Für ihren Funktionsterm $F(x)$ schreiben wir

$$F(x) = \int f(x)\mathrm{d}x$$

und nennen ihn das *unbestimmte Integral*[2] *über* $f(x)\mathrm{d}x$. Es ist also $F'(x) = f(x)$. Die Berechnung von $F(x)$ aus $f(x)$ nennen wir *integrieren*.

Beispiel 8.21
Es gilt

$$f : x \to 3x^2 \Rightarrow F : x \mapsto x^3 \quad \text{oder} \quad F(x) = \int 3x^2\mathrm{d}x = x^3 .$$

Die Stammfunktion F einer Funktion f ist durch sie nicht eindeutig bestimmt, denn außer $F(x)$ ist für jede beliebige reellen Zahl C auch $F(x) + C$ ein möglicher Term der Stammfunktion von f. C nennen wir *Integrationskonstante*. Das unbestimmte Integral steht also auch für die Menge aller Stammfunktionsterme einer Funktion.

Beispiel 8.22
Für jede beliebige reelle Zahl C ist

$$\int 3x^2\mathrm{d}x = x^3 + C .$$

[1]Die erste der beiden Schreibweisen geht zurück auf **Joseph-Louis de Lagrange**, die zweite auf **Gottfried Wilhelm Leibniz**. Lagrange, geboren 1736-01-25 in Turin als Guiseppe Lodovico Lagrangia, gestorben 1813-04-10 in Paris, war italienischer Mathematiker und Astronom. Leibniz, geboren 1646-06-21 nach dem Julianischen, 1646-07-01 nach dem Gregorianischen Kalender in Leipzig, gestorben 1716-11-14 in Hannover, war deutscher Philosoph, Mathematiker, Diplomat, Historiker und politischer Berater.

[2]von lateinisch *integrare* = wiederherstellen

Für eine Funktion f mit der Stammfunktion F verstehen wir unter dem *bestimmten Integral von a bis b über $f(x)\mathrm{d}x$* den Ausdruck

$$\int\limits_a^b f(x)\mathrm{d}x = F(b) - F(a)\,.$$

Dabei muss das Intervall $[a; b]$ eine Teilmenge der Definitionsmenge von f sein.

Beispiel 8.23
Für $f(x) = 3x^2$ ist $F(x) = x^3$ und daher

$$\int\limits_1^2 3x^2\mathrm{d}x = F(2) - F(1) = 2^3 - 1^3 = 7\,.$$

Die Berechnung eines bestimmten Integrals über ihren gesamten Definitionsbereich ist für Funktionen, die über den halboffenen Intervallen $]-\infty; b]$ ($b \in \mathbb{R}$) bzw. $[a; +\infty[$ ($a \in \mathbb{R}$) definiert sind, nicht unmittelbar möglich. Wir definieren daher

$$\int\limits_{-\infty}^b f(x)\mathrm{d}x := \lim_{a\to-\infty} \int\limits_a^b f(x)\mathrm{d}x \quad \text{bzw.} \quad \int\limits_a^\infty f(x)\mathrm{d}x := \lim_{b\to+\infty} \int\limits_a^b f(x)\mathrm{d}x\,.$$

Falls die Grenzwerte existieren, dann sprechen wir von *uneigentlichen Integralen mit einer kritischen Grenze*.

Beispiel 8.24

$$\int\limits_{-\infty}^{-1} \frac{1}{x^3}\mathrm{d}x = \lim_{a\to-\infty} \int\limits_a^{-1} \frac{1}{x^3}\mathrm{d}x = \lim_{a\to-\infty} \left(-\frac{1}{2} + \frac{1}{2a^2}\right) = -\frac{1}{2}\,.$$

Beispiel 8.25

$$\int\limits_0^{+\infty} \mathrm{e}^{-x}\mathrm{d}x = \lim_{b\to+\infty} \int\limits_0^b \mathrm{e}^{-x}\mathrm{d}x = \lim_{b\to+\infty} \left(-\mathrm{e}^{-b} + 1\right) = 1\,.$$

Ist eine Funktion auf ganz $\mathbb{R}$ gegeben, so ist die Berechnung des bestimmten Integrals über ihren gesamten Definitionsbereich auch in diesem Fall nicht unmittelbar möglich. Wir definieren daher

$$\int\limits_{-\infty}^{+\infty} f(x)\mathrm{d}x := \lim_{a\to-\infty} \int\limits_a^c f(x)\mathrm{d}x + \lim_{b\to+\infty} \int\limits_c^b f(x)\mathrm{d}x\,, \qquad a < c < b\,.$$

Falls beide Grenzwerte existieren, dann sprechen wir von *uneigentlichen Integralen mit zwei kritischen Grenzen*. Die Konvergenz und damit der Wert des Integrals hängt dabei nicht von der Wahl des Wertes c ab.

Beispiel 8.26

$$\int_{-\infty}^{+\infty} x\mathrm{e}^{-x^2}\mathrm{d}x = \lim_{a\to-\infty}\int_{a}^{0} x\mathrm{e}^{-x^2}\mathrm{d}x + \lim_{b\to+\infty}\int_{0}^{b} x\mathrm{e}^{-x^2}\mathrm{d}x =$$

$$\lim_{a\to-\infty}\left(\frac{a}{2}\mathrm{e}^{-a^2}\right) + \lim_{b\to+\infty}\left(-\frac{b}{2}\mathrm{e}^{-b^2}\right) = 0\,.$$

Viele Funktionen haben eine Definitionslücke der Art, dass es eine reelle Zahl c gibt, so dass $|\lim_{x\to c+} f(x)| = |\lim_{x\to c-} f(x)| = +\infty$ ist. Wir sagen dann, dass f in c *singulär*[1] ist bzw. dass c eine *Polstelle* von f ist. In diesem Fall können wir kein Integral berechnen, dessen untere Grenze a kleiner als c und dessen obere Grenze b größer als c ist. Diese Schwierigkeit umgehen wir durch den *Cauchyschen Hauptwert*[2]

$$⨍_{a}^{b} f(x)\mathrm{d}x = \lim_{\varepsilon\to 0+}\left(\int_{a}^{c-\varepsilon} f(x)\mathrm{d}x + \int_{c+\varepsilon}^{b} f(x)\mathrm{d}x\right)$$

eines Integrals über f mit einer Singularität an der Stelle c. In der Praxis schreiben wir aber oft $\int_a^b f(x)\mathrm{d}x$, auch wenn im Inneren des Integrationsintervalls eine Singularität vorliegt, und meinen damit dann den Cauchyschen Hauptwert.

Beispiel 8.27

Für $f(x) = \dfrac{1}{x\ln(x)}$, mit einer Singularität bei $x = 1$, ist $F(x) = \ln|\ln(x)|$. Für den Cauchyschen Hauptwert erhalten wir

$$\int_{1/\mathrm{e}}^{\mathrm{e}} \frac{1}{x\ln(x)}\mathrm{d}x = \lim_{\varepsilon\to 0+}\left(F(1-\varepsilon) - F\left(\frac{1}{\mathrm{e}}\right) + F(\mathrm{e}) - F(1+\varepsilon)\right).$$

Es gilt aber

$$F\left(\frac{1}{\mathrm{e}}\right) = F(\mathrm{e}) = 0$$

---

[1] von lateinisch *singularis* = einzeln, außerordentlich, abgesondert

[2] Benannt nach **Augustin-Louis Cauchy**, geboren 1789-08-21 in Paris, gestorben 1857-05-23 in Sceaux. Cauchy war ein französischer Mathematiker.

und

$$\lim_{\varepsilon\to 0+}\big(F(1-\varepsilon)-F(1+\varepsilon)\big)=\lim_{\varepsilon\to 0+}\ln\left|\frac{\ln(1-\varepsilon)}{\ln(1+\varepsilon)}\right|=0\,.$$

Der Cauchysche Hauptwert muss nicht immer existieren, denn seine Definition beruht auf einem Grenzwert und die Existenz von Grenzwerten ist nicht zwangsläufig garantiert, wie wir oben bereits gesehen haben.

Beispiel 8.28

Für $f(x)=\dfrac{1}{x^2}$, mit einer Singularität bei $x=0$, ist $F(x)=-\dfrac{1}{x}$. Wir erhalten für den Cauchyschen Hauptwert

$$\int_{-1}^{1}\frac{1}{x^2}\mathrm{d}x=\lim_{\varepsilon\to 0+}\big(F(-\varepsilon)-F(-1)+F(1)-F(\varepsilon)\big)=$$

$$\lim_{\varepsilon\to 0+}\left(-\frac{1}{-\varepsilon}+\frac{1}{-1}-\frac{1}{1}+\frac{1}{\varepsilon}\right)=\lim_{\varepsilon\to 0+}\left(\frac{2}{\varepsilon}-2\right)=+\infty\,.$$

Das Zeichen $+\infty$ signalisiert hier, dass der Cauchysche Hauptwert nicht existiert.

Den Cauchyschen Hauptwert eines Integrals über f können wir auch auf uneigentliche Integrale erweitern. Wir definieren für eine kritische Grenze

$$⨍_{a}^{+\infty}f(x)\mathrm{d}x=\lim_{b\to+\infty}⨍_{a}^{b}f(x)\mathrm{d}x \qquad\text{und}\qquad ⨍_{-\infty}^{b}f(x)\mathrm{d}x=\lim_{a\to-\infty}⨍_{a}^{b}f(x)\mathrm{d}x\,,$$

bzw. für zwei kritische Grenzen

$$⨍_{-\infty}^{+\infty}f(x)\mathrm{d}x:=\lim_{a\to-\infty}⨍_{a}^{c}f(x)\mathrm{d}x+\lim_{b\to+\infty}⨍_{c}^{b}f(x)\mathrm{d}x\,,\qquad a<c<b\,.$$

Die Funktion f darf bei c keine Singularität besitzen.

Beispiel 8.29

Für $f(x)=\dfrac{1}{x^3}$, mit einer Singularität bei $x=0$, ist $F(x)=-\dfrac{1}{2x^2}$. Wir erhalten für den Cauchyschen Hauptwert

$$\int_{-\infty}^{+\infty}\frac{1}{x^3}\mathrm{d}x=\lim_{a\to-\infty}\int_{a}^{+\infty}\frac{1}{x^3}\mathrm{d}x=\lim_{a\to-\infty}\int_{a}^{-1}\frac{1}{x^3}\mathrm{d}x+\lim_{b\to+\infty}⨍_{-1}^{b}\frac{1}{x^3}\mathrm{d}x=$$

$$\lim_{a\to-\infty}\left(-\frac{1}{2}+\frac{1}{2a^2}\right)+\lim_{b\to+\infty}\left(-\frac{1}{2b^2}+\frac{1}{2}\right)=0\,.$$

Schließlich nennen wir die Funktion

$$F_a : x \mapsto \int_a^x f(t)\mathrm{d}t$$

Integralfunktion von f mit der unteren Grenze a. Die maximale Definitionsmenge von F_a ist das größte Intervall der Definitionsmenge von f, in dem a liegt.

Beispiel 8.30
Es sei $f(x) = \frac{1}{x^2}$. Dann ist

$$F_1(x) = \int\limits_1^x \frac{1}{t^2}\mathrm{d}t = F(x) - F(1) = -\frac{1}{x} + 1\,, \quad D =]0; +\infty[\ ,$$

und

$$F_{-1}(x) = \int\limits_{-1}^x \frac{1}{t^2}\mathrm{d}t = F(x) - F(-1) = -\frac{1}{x} - 1\,, \quad D =]-\infty; 0[\ .$$

Alle Integralfunktionen sind auch Stammfunktionen, denn ihre Funktionsterme $F_a(x)$ und $F(x)$ unterscheiden sich nur durch eine Konstante.

Wenn wir beachten, dass $f(x)$ eine Stammfunktion von $f'(x)$ ist und demzufolge der Zusammenhang

$$\int f'(x)\mathrm{d}x = f(x) + C$$

besteht, so wird die Wahl des Ausdrucks „integrieren" klar, da eine Funktion aus ihrer Ableitung „wiederhergestellt" wird.

In der Tabelle 8.1 sind einige Funktionsterme aufgelistet, die zu Funktionen gehören, die einen besonderen Namen haben.

Die Exponentialfunktion und die Logarithmusfunktion sind für die gleiche Basis Umkehrfunktionen voneinander.

Beispiel 8.31
Es gilt

$$f(x) = 10^x \Rightarrow f^{-1}(x) = \lg(x)\,.$$

Zu den Funktionen in der Tabelle 8.1 gibt es beginnend mit der Nr. 6 ebenfalls Umkehrfunktionen. Dabei werden die Umkehrfunktionen zu Nr. 6 bis Nr. 11 mit dem Zusatz „arc" vor dem Funktionsterm gekennzeichnet, den wir „Arkus" aussprechen. Die Kennzeichnung der darauf folgenden Funktionsterme in der Tabelle 8.1 erfolgt durch den Zusatz „ar" vor dem Term, ausgesprochen „Area".

Tabelle 8.1 Funktionen mit besonderen Namen

Nr.	Name	Funktionsterm	Aussprache	Bemerkung
1	Exponentialfunktion	a^x, e^x	a hoch x, e hoch x	$a^x = \mathrm{e}^{x \cdot \ln(a)}$
2	Logarithmusfunktion	$\log_a(x)$	Logarithmus von x zur Basis a	
3	Funktion des natürlichen Logarithmus	$\ln(x)$	natürlicher Logarithmus von x (zur Basis e)	$\ln(x) = \log_{\mathrm{e}}(x)$
4	Funktion des dekadischen Logarithmus	$\lg(x)$	dekadischer Logarithmus von x (zur Basis 10)	$\lg(x) = \log_{10}(x)$
5	Funktion des binären Logarithmus	$\mathrm{lb}(x)$	Binärer Logarithmus von x (zur Basis 2)	$\mathrm{lb}(x) = \log_2(x)$
6	Sinusfunktion	$\sin(x)$	Sinus von x	
7	Kosinusfunktion	$\cos(x)$	Kosinus von x	$\cos(x) = \sin(x + \pi/2)$
8	Tangensfunktion	$\tan(x)$	Tangens von x	$\tan(x) = \sin(x)/\cos(x)$
9	Kotangensfunktion	$\cot(x)$	Kotangens von x	$\cot(x) = 1/\tan(x)$
10	Sekansfunktion	$\sec(x)$	Sekans von x	$\sec(x) = 1/\cos(x)$
11	Kosekansfunktion	$\csc(x)$	Kosekans von x	$\csc(x) = 1/\sin(x)$
12	Hyperbelsinusfunktion	$\sinh(x)$	Sinus hyperbolikus von x	$\sinh(x) = (\mathrm{e}^x - \mathrm{e}^{-x})/2$
13	Hyperbelkosinusfunktion	$\cosh(x)$	Kosinus hyperbolikus von x	$\cosh(x) = \sqrt{(\sinh(x))^2 + 1}$
14	Hyperbeltangensfunktion	$\tanh(x)$	Tangens hyperbolikus von x	$\tanh(x) = \sinh(x)/\cosh(x)$
15	Hyperbelkotangesfunktion	$\coth(x)$	Kotangens hyperbolikus von x	$\coth(x) = 1/\tanh(x)$
16	Hyperbelsekansfunktion	$\mathrm{sech}(x)$	Sekans hyperbolikus von x	$\mathrm{sech}(x) = 1/\cosh(x)$
17	Hyperbelkosekansfunktion	$\mathrm{csch}(x)$	Kosekans hyperbolikus von x	$\mathrm{csch}(x) = 1/\sinh(x)$

Beispiel 8.32
$f(x) = \sin(x) \Rightarrow f^{-1}(x) = \arcsin(x)$, „Arkussinus von x“ genannt.

$f(x) = \sinh(x) \Rightarrow f^{-1}(x) = \operatorname{arsinh}(x)$, „Areasinus hyperbolikus von x“ genannt.

Da diese Funktionen nicht generell umkehrbar sind, müssen ihre Definitionsmengen eingeschränkt werden. Die Tabelle 8.2 gibt darüber Auskunft.

Tabelle 8.2 Einschränkungen der Definitionsmengen

Nr.	Funktionsgleichung	Einschränkung von D_f
6	$y = \sin(x)$	$-\pi/2 \leq x \leq \pi/2$
7	$y = \cos(x)$	$0 \leq x \leq \pi$
8	$y = \tan(x)$	$-\pi/2 < x < \pi/2$
9	$y = \cot(x)$	$0 < x < \pi$
10	$y = \sec(x)$	$0 \leq x \leq \pi, x \neq \pi/2$
11	$y = \csc(x)$	$-\pi/2 \leq x \leq \pi/2, x \neq 0$
12	$y = \sinh(x)$	
13	$y = \cosh(x)$	$x \geq 0$
14	$y = \tanh(x)$	
15	$y = \coth(x)$	$x \neq 0$
16	$y = \operatorname{sech}(x)$	$x \geq 0$
17	$y = \operatorname{csch}(x)$	$x \geq 0$

Wir wollen im folgenden noch einige der in diesem Kapitel verwendete Begriffe etwas genauer betrachten.

Der *Graph*[1] einer Funktion ist die Menge $G_f = \{(x; f(x)) \mid x \in D_f\}$. Der Begriff kommt daher, dass wir die Punktmenge G_f graphisch darstellen können, indem wir ihre Punkte in ein Koordinatensystem übertragen und auf diese Weise eine Kurve bekommen, die ebenfalls Graph der Funktion genannt wird.

Die Graphen einiger Funktionen haben besondere Namen, wie z. B. der Graph $\{(x; x^2)\}$, der den Namen *Normalparabel* hat.

Eine besondere Form haben die Gleichungen von Funktionstermen, die zu Funktionen gehören, welche nur abschnittsweise definiert sind. Sie haben die typische Form

$$f(x) = \begin{cases} f_1(x), & x \in D_{f_1} \\ f_2(x), & x \in D_{f_2} \end{cases} .$$

Dabei ist $D_{f_1} \cap D_{f_2} = \{\}$ und $D_f = D_{f_1} \cup D_{f_2}$.

[1] von griechisch γραφή (*graphē*) = Schrift

Beispiel 8.33
Es gilt

$$|x| = \begin{cases} x, & x \geq 0 \\ -x, & x < 0 \end{cases}$$

und

$$\operatorname{sgn} x = \begin{cases} 1, & x > 0 \\ 0, & x = 0 \\ -1, & x < 0 \end{cases} .$$

Der Graph $\{(x; \operatorname{sgn}(x))\}$ zeigt, dass die Darstellungen der Graphen von Funktionen in einem Koordinatensystem nicht immer durchgezogene Kurven sein müssen. Diese Tatsache führt uns zum Begriff der *Stetigkeit*.

Eine Funktion heißt *stetig* im Punkt $(a; f(a))$, wenn der Limes $\lim_{x \to a} f(x)$ existiert und gleich $f(a)$ ist. Gilt dies für alle $a \in D_f$, die nicht Randwerte von D_f sind, dann sagen wir, die Funktion sei *überall stetig*.

Beispiel 8.34
Die Funktion $f : x \mapsto \operatorname{sgn}(x)$ ist an der Stelle $x = 0$ nicht stetig (unstetig).

Beispiel 8.35
Die Funktion $f : x \mapsto \lfloor x \rfloor$ ist für alle $x \in \mathbb{Z}$ unstetig.

Beispiel 8.36
Die Funktion $f : x \mapsto \dfrac{1}{x}$ ist überall stetig, obwohl der Graph keine durchgezogene Kurve ist. Manchmal wird gesagt, die Funktion sei bei $x = 0$ unstetig. Das trifft aber nicht zu, da die Funktion bei $x = 0$ gar nicht definiert ist.

Auch der Graph $\{(x; |x|)\}$ weist eine Besonderheit auf. Er ist zwar überall stetig, aber nicht überall „glatt“, denn er hat einen Knick an der Stelle $x = 0$. Dies führt uns zum Begriff der *Differenzierbarkeit*.

Eine Funktion heißt *differenzierbar* im Punkt $(a; f(a))$, wenn der Grenzwert

$$\lim_{x \to a} \frac{f(x) - f(a)}{x - a}$$

existiert. Gilt diese Aussage für alle $a \in D_f$, die nicht Randwerte von D_f sind, dann sagen wir, die Funktion sei *überall differenzierbar*.

Beispiel 8.37
Die Funktion $f : x \mapsto |x|$ ist an der Stelle $x = 0$ stetig, aber nicht differenzierbar.

Es gibt einen Zusammenhang zwischen Stetigkeit und Differenzierbarkeit. Ist nämlich eine Funktion bei $(a; f(a))$ differenzierbar, so ist sie auch stetig, ist sie nicht stetig, so ist sie auch nicht differenzierbar. Die Stetigkeit einer Funktion ist also eine notwendige Bedingung für ihre Differenzierbarkeit.

Beispiel 8.38
Die Funktion $f : x \mapsto \dfrac{1}{\sin(x)}$ ist überall differenzierbar und damit auch stetig.

Wenn die Definitionsmenge ein abgeschlossenes Intervall der Form $D_f = [a; b]$ ist, dann können wir an den Randpunkten des Intervalls eine einseitige Stetigkeit und eine einseitige Differenzierbarkeit definieren. Eine Funktion f nennen wir *rechtsseitig stetig* bei $x = a$ bzw. *linksseitig stetig* bei $x = b$, wenn

$$\lim_{x \to a+} f(x) = f(a) \quad \text{bzw.} \quad \lim_{x \to b-} f(x) = f(b)$$

gilt. Wir nennen sie *rechtsseitig differenzierbar* bei $x = a$ bzw. *linksseitig differenzierbar* bei $x = b$, wenn die Grenzwerte

$$\lim_{x \to a+} \frac{f(x) - f(a)}{x - a} \quad \text{bzw.} \quad \lim_{x \to b-} \frac{f(x) - f(b)}{x - b}$$

existieren.

Graphen haben noch eine weitere wichtige Eigenschaft. Sie können monoton steigend oder fallend sein. Wir nennen einen Graphen in einem Intervall $]a; b[\subset D_f$ *monoton steigend*, wenn $x_1 > x_2 \Rightarrow f(x_1) \geq f(x_2)$ für alle $x_1, x_2 \in]a; b[$ gilt und *monoton fallend*, wenn $x_1 > x_2 \Rightarrow f(x_1) \leq f(x_2)$ für alle $x_1, x_2 \in]a; b[$ gilt. Ist $f(x_1) \neq f(x_2)$, so nennen wir die Monotonie *streng*. Funktionen mit (streng) monoton steigenden bzw. fallenden Graphen nennen wir *(streng) monoton zunehmend bzw. abnehmend.*

Ist eine Funktion in einem Intervall $]a; b[\subset D_f$ differenzierbar, so ist der Graph dort monoton bzw. streng monoton steigend, wenn dort $f'(x) \geq 0$ bzw. $f'(x) > 0$ ist. Er ist dort monoton bzw. streng monoton fallend, wenn $f'(x) \leq 0$ bzw. $f'(x) < 0$ ist. Die Umkehrung dieser Aussagen gilt nicht.

Beispiel 8.39
Die Funktion $f : x \mapsto \lfloor x \rfloor$ ist zwar in ganz $\mathbb{R}$ monoton zunehmend, sie ist aber nicht differenzierbar.

Die Ableitungsfunktion liefert auch ein hilfreiches Kriterium für die Umkehrbarkeit einer Funktion. Ist nämlich die Funktion in einem Intervall $]a; b[\subset D_f$ streng monoton, so ist sie umkehrbar, d. h. $f'(x) > 0$ bzw. $f'(x) < 0$ hat die Umkehrbarkeit zur Folge. Auch hier gilt die Umkehrung nicht. Wir sagen, die strenge Monotonie einer Funktion sei eine *hinreichende Bedingung* für ihre Umkehrbarkeit.

Beispiel 8.40
Die Funktion

$$f : x \mapsto \begin{cases} x, & -1 < x < 0 \\ -x+2, & 0 \leq x < 1 \end{cases}$$

ist weder streng monoton noch differenzierbar, sie ist aber umkehrbar.

Wir schließen noch einige Bemerkungen zum Integralbegriff an. Eine Funktion f heißt *integrierbar*, falls sie eine Stammfunktion hat, d. h. wenn eine Funktion F existiert, so dass $F' = f$ gilt. Das ist immer dann der Fall, wenn f stetig ist.

Auch für das bestimmte Integral $\int_a^b f(x)\mathrm{d}x$ gibt es einen Zusammenhang mit dem Graphen von f. Der Zahlenwert dieses Integrals ist die Flächenbilanz der Fläche, die vom Graphen, der x-Achse und den beiden Geraden $x = a$ und $x = b$ eingeschlossen wird, d. h. die Summe der Flächeninhalte oberhalb der x-Achse vermindert um die Summe der Flächeninhalte unterhalb von ihr. Wollen wir den gesamten Flächeninhalt ermitteln, dann müssen wir das Integral $\int_a^b |f(x)|\mathrm{d}x$ berechnen.

Beispiel 8.41
Für $f(x) = x^2 - 4$ ist $F(x) = \frac{1}{3}x^3 - 4x$ und wir erhalten damit

$$\int_0^3 f(x)\mathrm{d}x = F(3) - F(0) = -3$$

für die Flächenbilanz. Zur Berechnung des Flächeninhalts müssen wir das Integral aufteilen und erhalten dann

$$\int_0^2 |f(x)|\mathrm{d}x + \int_2^3 f(x)\,\mathrm{d}x = |F(2) - F(0)| + F(3) - F(2) = \frac{23}{3}\,.$$

Bisher haben wir uns ausschließlich mit den Funktionen einer Variablen und ihren Ableitungsfunktionen beschäftigt. Es gibt aber auch Funktionen mehrerer Variablen, d. h. Funktionen $f : \mathbb{R}^n \to \mathbb{R}$ mit $f : (x_1; x_2; ... ; x_n) \mapsto f(x_1; x_2; ... ; x_n)$. Wenn wir alle Variablen einer solchen Funktion bis auf die Variable x_k als Parameter ansehen, d. h. sie wie Konstanten behandeln, dann können wir f wie eine gewöhnliche Funktion mit $x_k = x$ ableiten. Den Ableitungsterm schreiben wir dann als

$$\frac{\partial f(x_1; x_2; \cdots ; x_n)}{\partial x_k} \quad \text{oder kurz} \quad \frac{\partial f}{\partial x_k}$$

und nennen ihn *Term der partiellen Ableitung von f nach x_k*. Es gibt keine besonderen Zeichen für partielle Ableitungsfunktionen.

Beispiel 8.42
Für die Funktion $f(x_1; x_2) = x_1^2 + 2x_1x_2 - x_2 + 3x_2^3$ ist

$$\frac{\partial f}{\partial x_1} = 2x_1 + 2x_2 \quad \text{und} \quad \frac{\partial f}{\partial x_2} = 2x_1 - 1 + 9x_2^2 .$$

Die Schreibweise für den Term der partiellen Ableitung einer Funktion lässt sich auf die Ableitungen höherer Ordnung übertragen, wie z. B.

$$\frac{\partial^2 f}{\partial x_k^2} = \frac{\partial}{\partial x_k}\left(\frac{\partial f}{x_k}\right) \quad \text{oder} \quad \frac{\partial^2 f}{\partial x_i \partial x_k} = \frac{\partial}{\partial x_i}\left(\frac{\partial f}{\partial x_k}\right) .$$

Beispiel 8.43
Für die im Beispiel 8.42 angegebene Funktion erhalten wir

$$\frac{\partial^2 f}{\partial x_1^2} = 2 , \qquad \frac{\partial^2 f}{\partial x_2^2} = 18x_2 , \qquad \frac{\partial^2 f}{\partial x_1 \partial x_2} = 2 .$$

Wenn die zweiten partiellen Ableitungen stetig sind, dann darf die Reihenfolge der Ableitungen vertauscht werden, d. h. es gilt dann

$$\frac{\partial^2 f}{\partial x_1 \partial x_2} = \frac{\partial^2 f}{\partial x_2 \partial x_1} .$$

Dies ist ein spezieller Fall des Satzes von Schwarz[1] für eine Funktion zweier Variablen. Dieser Satz besagt, dass bei einer mehrfach stetig differenzierbaren Funktion mehrerer Variablen die Reihenfolge, in der die partiellen Ableitungen nach den einzelnen Variablen durchgeführt werden, keinen Einfluss auf das Ergebnis hat.

[1]**Hermann Amandus Schwarz**, geboren 1843-01-25 in Hermsdorf, Schlesien, gestorben 1921-11-30 in Berlin, war ein deutscher Mathematiker.

9 Komplexe Zahlen

i j Re Im $\overline{z}$ z^* arg sgn

In der Algebra ist es üblich, die Menge $\mathbb{R}$ der reellen Zahlen mit den Punkten einer Geraden zu identifizieren. Es ist ebenfalls üblich, die Menge der komplexen Zahlen mit den Punkten einer Ebene zu identifizieren, die *Gaußsche Zahlenebene*[1] heißt.

Eine Zahl der Form $z = x_1 + \mathrm{i}x_2$ nennen wir *komplexe Zahl*. Dabei heißt i *imaginäre Einheit*[2] (für sie gilt $\mathrm{i}^2 = -1$) und x_1 bzw. x_2 sind beliebige reellen Zahlen. Setzen wir $x_2 = 0$, so erhalten wir eine reelle Zahl, d. h. die Menge der reellen Zahlen $\mathbb{R}$ ist eine Teilmenge der Menge der komplexen Zahlen $\mathbb{C}$.

Die Rechenregeln für komplexe Zahlen ergeben sich aus denen der reellen Zahlen. Für die komplexen Zahlen $z_1 = a + ib$ und $z_2 = c + id$ erhalten wir

$$z_1 \pm z_2 = (a + ib) \pm (c + \mathrm{i}d) = (a \pm c) + \mathrm{i}(b \pm d)\,,$$

$$z_1 \cdot z_2 = (a + ib)(c + \mathrm{i}d) = ac + \mathrm{i}ad + \mathrm{i}bc + \mathrm{i}^2 bd = (ac - bd) + \mathrm{i}(ad + bc)\,,$$

$$\frac{z_1}{z_2} = \frac{a + ib}{c + \mathrm{i}d} = \frac{(a + ib)(c - \mathrm{i}d)}{(c + \mathrm{i}d)(c - \mathrm{i}d)} = \frac{(ac + bd) - \mathrm{i}(ad - bc)}{c^2 + d^2} = \frac{ac + bd}{c^2 + d^2} + \mathrm{i}\frac{bc - ad}{c^2 + d^2}\,.$$

Für die komplexe Zahl $z = x_1 + \mathrm{i}x_2$ nennen wir x_1 den *Realteil* $\operatorname{Re} z$ und x_2 den *Imaginärteil* $\operatorname{Im} z$ von z, d. h. $z = \operatorname{Re} z + \mathrm{i} \operatorname{Im} z$.

Für $z = x_1 + \mathrm{i}x_2$ nennen wir $\overline{z} = x_1 - \mathrm{i}x_2$ die zu z *konjugiert komplexe Zahl*.[3] Es gilt also $\overline{z} = \operatorname{Re} z - \mathrm{i} \operatorname{Im} z$.

[1] Benannt nach **Johann Karl Friedrich Gauß**, geboren 1777-04-30 in Braunschweig, gestorben 1855-02-23 in Göttingen, deutscher Mathematiker, Astronom, Geodät und Physiker mit überragendem Einfluss auf die Entwicklung der Mathematik.

[2] In der Elektrotechnik wird das Zeichen j für die imaginäre Einheit verwendet, um eine Verwechslung mit dem Symbol i für die Größe Stromstärke auszuschließen.

[3] In der Physik und in der Technik wird die konjugiert komplexe Zahl als z^* geschrieben, um eine Verwechslung mit dem Zeichen für den Mittelwert auszuschließen.

Unter dem *Betrag der komplexen Zahl* z verstehen wir die reelle Zahl

$$|z| = \sqrt{z\bar{z}} = \sqrt{(\operatorname{Re} z)^2 + (\operatorname{Im} z)^2}\,.$$

Identifizieren wir die komplexe Zahl $z = x_1 + \mathrm{i}x_2$ mit dem Punkt $Z = (x_1; x_2)$ der Gaußschen Zahlenebene, dann interpretieren wir $\mathbb{C}$ als $\mathbb{R}^2$. Die Achsen heißen in diesem Fall *Realteilachse* und *Imaginärteilachse*.

Jedem Punkt $Z = (x_1; x_2)$ der Gaußschen Zahlenebene können wir den Ortsvektor

$$\vec{Z} = \begin{pmatrix} |z| \cos\varphi \\ |z| \sin\varphi \end{pmatrix}$$

zuordnen. Das ist deshalb zulässig, weil der Ortsvektor die Länge $|z|$ und der Winkel zwischen ihm und der x_1-Achse das Maß φ hat. Das Winkelmaß φ, für das wir auch $\arg z$ schreiben, heißt *Argument* von z. Die Größen $|z|$ und φ nennen wir *Polarkoordinaten* des Punktes in der Gaußschen Zahlenebene.

Aus der Darstellung einer komplexen Zahl z durch Polarkoordinaten in der Gaußschen Zahlenebene ergibt sich

$$\operatorname{Re} z = |z| \cos\varphi \qquad \text{und} \qquad \operatorname{Im} z = |z| \sin\varphi\,.$$

Jede komplexe Zahl können wir also mithilfe der Eulerschen Formel auch in der Form

$$z = |z| \left(\cos\varphi + \mathrm{i} \sin\varphi\right) = |z|\,\mathrm{e}^{\mathrm{i}\varphi}\,, \quad \text{mit} \quad -\pi < \varphi \leq \pi\,,$$

schreiben.

Schließlich verstehen wir unter dem *Signum* von z den Ausdruck

$$\operatorname{sgn} z = \begin{cases} \dfrac{z}{|z|} & z \neq 0 \\ 0 & z = 0 \end{cases}\,.$$

In der Gaußschen Zahlenebene ist das der zu z gehörende Einheitsvektor.

Es können auch Funktionen definiert werden, deren Definitions- und Bildmengen Teilmengen der Menge der komplexen Zahlen sind.

Beispiel 9.1
Die Funktion mit der Gleichung $f(z) = \bar{z}$ ordnet jedem Punkt in der Gaußschen Zahlenebene seinen Spiegelpunkt bezüglich der Realteilachse zu.

Beispiel 9.2
Die Funktion mit der Gleichung

$$f(z) = \frac{1}{\bar{z}}\,, \quad z \neq 0\,,$$

heißt Kreisspiegelung am Einheitskreis. Sie bildet den Einheitskreis in der Gaußschen Zahlenebene auf sich selbst ab, jeden Punkt außerhalb des Einheitskreises auf einen Punkt innerhalb und jeden Punkt $z \neq 0$ innerhalb auf einen Punkt außerhalb.

10 Matrizen und Determinanten

$A \quad (a_{ij}) \quad k(A+B) \quad AB \quad I \quad E$

$A^{-1} \quad A^{+} \quad A^{\top} \quad \bar{A} \quad A^{*} \quad A^{\mathrm{H}} \quad A^{\dagger}$

$\operatorname{rank} A \quad \det A \quad \operatorname{tr} A \quad \|A\|$

Matrizen wurden ursprünglich eingeführt, um das Schreiben umfangreicher linearer Gleichungssystemen zu vereinfachen. Sie entwickelten sich schnell zu eigenständigen mathematischen Objekten. Die Theorie der Matrizen und Determinanten wurde gegen Ende des 19. Jahrhundert durch James Joseph Silvester[1] und Arthur Cayley[2] geschaffen. Der Begriff *Matrix* wurde 1850 durch Silvester geprägt.

Eine tabellarische Anordnung von Zahlen in m Zeilen und n Spalten, eingeschlossen in eine runde Klammer,[3] in der Form

$$A = \begin{pmatrix} a_{11} & \cdots & a_{1n} \\ \vdots & \ddots & \vdots \\ a_{m1} & \cdots & a_{mn} \end{pmatrix}$$

heißt $(m \times n)$-Matrix. Die Zahlen a_{ij} $(1 \leq i \leq m,\ 1 \leq j \leq n)$ heißen *Elemente der Matrix*. Die Matrixelemente können reelle oder komplexe Zahlen sein. Die Matrizen werden dementsprechend reelle bzw. komplexe Matrizen genannt.

Matrizen bezeichnen wir mit in Fettschrift gesetzten, kursiven Großbuchstaben, z. B. A, ihre Elemente mit denselben, nicht in Fettschrift gesetzten, kursiven Kleinbuchstaben, z. B. a_{ij}, die zur Bezeichnung der Position des jeweiligen Matrixelements mit Indizes für die jeweilige Zeile (erster Index) und Spalte (zweiter Index) versehen werden. Anstatt A wird auch die Schreibweise (a_{ij}) verwendet.

[1] **James Joseph Sylvester**, geboren 1814-09-03 in London, gestorben 1897-03-15 in London, war ein britischer Mathematiker und Physiker.

[2] **Arthur Cayley**, geboren 1821-08-16 in Richmond upon Thames, Surrey, gestorben 1895-01-26 in Cambridge, war ein englischer Mathematiker.

[3] Im angelsächsischen Sprachraum wird häufig eine eckige anstelle der runden Klammer verwendet.

Eine Matrix mit gleicher Anzahl von Zeilen und Spalten heißt *quadratische Matrix*. Die Anzahl der Zeilen bzw. Spalten dieser Matrix nennen wir auch ihre Dimension. Die Elemente einer quadratischen Matrix mit demselben Zeilen- und Spaltenindex nennen wir *Diagonalelemente der Matrix*, die Gesamtheit dieser Elemente heißt *Hauptdiagonale der Matrix* oder kurz Diagonale.

Eine Matrix, bei der alle Elemente gleich Null sind, nennen wir *Nullmatrix* und schreiben dafür $\mathbf{0}$. Eine quadratische Matrix, bei der nur die Diagonalelemente von Null verschieden sind, nennen wir *Diagonalmatrix*.

Eine spezielle Diagonalmatrix ist die *Einheitsmatrix*, die wir mit $\boldsymbol{I}$ (bzw. mit $\boldsymbol{I}_n$, wenn wir auch ihre Dimension kennzeichnen wollen) bezeichnen.[1] Alle Diagonalelemente dieser Matrix sind gleich Eins.

Durch Vertauschen der Zeilen und Spalten einer Matrix $\boldsymbol{A}$ erhalten wir eine Matrix, die wir *transponierte Matrix* nennen und mit $\boldsymbol{A}^\top$ bezeichnen. Die Operation, die eine Matrix in ihre transponierte Matrix überführt, heißt *Transposition*. Sowohl quadratische als auch rechteckige Matrizen können transponiert werden. Die Transposition einer transponierten Matrix ergibt wieder die ursprüngliche Matrix.

Beispiel 10.1
Wir betrachten eine (2×3)-Matrix $\boldsymbol{A}$ und die zu ihr transponierte Matrix $\boldsymbol{A}^\top$, die eine (3×2)-Matrix ist.

$$\boldsymbol{A} = \begin{pmatrix} 2 & 7 & 5 \\ 0 & 1 & 6 \end{pmatrix}, \qquad \boldsymbol{A}^\top = \begin{pmatrix} 2 & 0 \\ 7 & 1 \\ 5 & 6 \end{pmatrix}.$$

Rechteckige Matrizen, die lediglich aus einer einzigen Spalte oder Zeile bestehen, werden Spaltenvektor bzw. Zeilenvektor genannt. Trotz ihres Namens sind sie aber keine Vektoren, sondern dienen nur zur Darstellung von Vektoren.[2]

Es ist üblich, Spaltenvektoren nicht wie Matrizen mit Großbuchstaben zu bezeichnen, sondern mit in Fettschrift gesetzten, kursiven Kleinbuchstaben, z. B. $\boldsymbol{v}$, Zeilenvektoren aber als transponierte Spaltenvektoren, z. B. $\boldsymbol{v}^\top$, zu schreiben.

Beispiel 10.2
Wir betrachten einen dreidimensionalen Spaltenvektor und den zu ihm transponierten Zeilenvektor:[3]

$$\boldsymbol{a} = \begin{pmatrix} a_1 \\ a_2 \\ a_3 \end{pmatrix}, \qquad \boldsymbol{a}^\top = (a_1\ a_2\ a_3)^\top.$$

[1] Im deutschen Sprachraum wird die Einheitsmatrix auch häufig mit $\boldsymbol{E}$ (bzw. $\boldsymbol{E}_n$) bezeichnet.

[2] Einzelheiten dazu finden sich im nächsten Kapitel.

[3] Im laufenden Text werden die Elemente des Zeilenvektors üblicherweise nicht durch ein Leerzeichen, sondern durch ein Semikolon oder Komma getrennt.

Ersetzen wir die Werte aller Elemente einer komplexen Matrix $\boldsymbol{A}$ durch die zu ihnen konjugiert komplexen Werte, dann erhalten wir eine Matrix, die wir mit $\overline{\boldsymbol{A}}$ bezeichnen[1] und *konjugierte Matrix* nennen. Die Operation, die eine komplexe Matrix in die zu ihr konjugierte Matrix überführt, heißt *Konjugation* der Matrix. Durch Konjugation einer konjugierten Matrix erhalten wir wieder die ursprüngliche Matrix.

Beispiel 10.3

$$\boldsymbol{A} = \begin{pmatrix} a + \mathrm{i}b & c - \mathrm{i}d \\ x - \mathrm{i}y & v + \mathrm{i}w \end{pmatrix}, \qquad \overline{\boldsymbol{A}} = \begin{pmatrix} a - \mathrm{i}b & c + \mathrm{i}d \\ x + \mathrm{i}y & v - \mathrm{i}w \end{pmatrix}.$$

Werden an einer komplexen Matrix $\boldsymbol{A}$ gleichzeitig die Operationen Konjugation und Transposition ausgeführt, dann ergibt sich eine Matrix, die *adjungierte Matrix* genannt und mit $\boldsymbol{A}^{\mathsf{H}}$ bezeichnet wird.[2] Die Operation, die eine komplexe Matrix in die zu ihr adjungierte Matrix überführt, heißt *Adjungierung* der Matrix. Die Adjungierung einer adjungierten Matrix ergibt wieder die ursprüngliche Matrix.

Beispiel 10.4

$$\boldsymbol{A} = \begin{pmatrix} a + \mathrm{i}b & c - \mathrm{i}d \\ x - \mathrm{i}y & v + \mathrm{i}w \end{pmatrix}, \qquad \boldsymbol{A}^{\mathsf{H}} = \begin{pmatrix} a - \mathrm{i}b & x + \mathrm{i}y \\ c + \mathrm{i}d & v - \mathrm{i}w \end{pmatrix}.$$

Eine quadratische Matrix, die mit der zu ihr adjungierten Matrix übereinstimmt, d. h. für die $\boldsymbol{A} = \boldsymbol{A}^{\mathsf{H}}$ gilt, heißt *hermitesche Matrix*.[3] Aufgrund dieser Definition sind die Diagonalelemente einer hermiteschen Matrix reelle Zahlen. Da für die Elemente dieser Matrix außerdem $\mathrm{Re}(a_{ij}) = \mathrm{Re}(a_{ji})$ und $\mathrm{Im}(a_{ij}) = -\mathrm{Im}(a_{ji})$ gilt, ist sie bereits durch n^2 reelle Zahlen vollständig gegeben, während zur Spezifikation einer allgemeinen komplexen Matrix $2n^2$ reelle Zahlen notwendig sind.

Beispiel 10.5
Sind a, b, c, x, y, z, u, v und w reelle Zahlen, dann ist die Matrix

$$\boldsymbol{A} = \begin{pmatrix} a & x + \mathrm{i}y & u + \mathrm{i}v \\ x - \mathrm{i}y & b & z + \mathrm{i}w \\ u - \mathrm{i}v & z - \mathrm{i}w & c \end{pmatrix}$$

hermitesch, d. h. es ist $\boldsymbol{A} = \boldsymbol{A}^{\mathsf{H}}$.

---

[1] In der Physik und in der Elektrotechnik wird die konjugierte Matrix auch mit $\boldsymbol{A}^*$ bezeichnet.

[2] In der Physik, insbesondere in der Quantenmechanik, wird die adjungierten Matrix auch mit $\boldsymbol{A}^\dagger$ bezeichnet.

[3] Diese Matrix ist nach Charles Hermite benannt. **Charles Hermite**, geboren 1822-12-24 in Dieuze, Lothringen, gestorben 1901-01-14 in Paris, war ein französischer Mathematiker.

Matrizen nennen wir *gleichartig* oder *Matrizen vom gleichen Typ*, wenn sie dieselbe Anzahl von Zeilen und Spalten haben.

Zwei gleichartige Matrizen $\boldsymbol{A}$ und $\boldsymbol{B}$ sind gleich, wenn sie in allen ihren Elementen übereinstimmen, d. h. wenn $a_{ij} = b_{ij}$ $(1 \le i \le m,\ 1 \le j \le n)$ gilt. Die Gleichheit von Matrizen wird damit auf die Gleichheit ihrer Elemente zurückgeführt.

Gleichartige Matrizen können addiert und subtrahiert werden. Unter der *Summe der Matrizen* $\boldsymbol{A}$ und $\boldsymbol{B}$ verstehen wir die Matrix $\boldsymbol{C} = \boldsymbol{A} + \boldsymbol{B}$ mit den Elementen $c_{ij} = a_{ij} + b_{ij}$ $(1 \le i \le m,\ 1 \le j \le n)$ und unter der *Differenz der Matrizen* $\boldsymbol{A}$ und $\boldsymbol{B}$ die Matrix $\boldsymbol{C} = \boldsymbol{A} - \boldsymbol{B}$ mit den Elementen $c_{ij} = a_{ij} - b_{ij}$ $(1 \le i \le m,\ 1 \le j \le n)$. Jede Matrix kann auch mit einem *Skalar*[1] multipliziert werden. Unter dem Produkt einer Matrix $\boldsymbol{A}$ mit einem Skalar k (*skalare Multiplikation*[2] genannt) verstehen wir die Matrix $\boldsymbol{B} = k\boldsymbol{A}$ mit den Elementen $b_{ij} = ka_{ij}$ $(1 \le i \le m,\ 1 \le j \le n)$. Addition, Subtraktion und skalare Multiplikation erfolgen elementweise. Dadurch werden die Rechenoperationen mit Matrizen auf Rechenoperationen mit Zahlen zurückgeführt.

Beispiel 10.6

$$2\begin{pmatrix} 1 & 2 & 3 \\ 4 & 1 & 1 \\ 7 & 1 & 5 \\ 2 & 6 & 0 \\ 1 & 3 & 5 \end{pmatrix} + \begin{pmatrix} 0 & 0 & 3 \\ 2 & 9 & 4 \\ 1 & 2 & 0 \\ 5 & 0 & 3 \\ 2 & 3 & 1 \end{pmatrix} = \begin{pmatrix} 2 & 4 & 9 \\ 10 & 11 & 6 \\ 15 & 4 & 10 \\ 9 & 12 & 3 \\ 4 & 9 & 11 \end{pmatrix}.$$

Eine quadratische Matrix $\boldsymbol{A}$, die gleich ihrer transponierten Matrix ist, d. h. für die $\boldsymbol{A} = \boldsymbol{A}^\top$ gilt, heißt *symmetrische Matrix*. Gilt dagegen $\boldsymbol{A} = -\boldsymbol{A}^\top$, dann nennen wir $\boldsymbol{A}$ eine *antisymmetrische* oder *schiefsymmetrische Matrix*. Jede quadratische Matrix lässt sich als Summe einer symmetrischen Matrix $\boldsymbol{A}_\mathrm{s}$ und einer antisymmetrischen Matrix $\boldsymbol{A}_\mathrm{a}$ darstellen. Es gilt

$$\boldsymbol{A} = \boldsymbol{A}_\mathrm{s} + \boldsymbol{A}_\mathrm{a}, \qquad \text{mit} \qquad \boldsymbol{A}_\mathrm{s} = \frac{1}{2}\left(\boldsymbol{A} + \boldsymbol{A}^\top\right) \qquad \text{und} \qquad \boldsymbol{A}_\mathrm{a} = \frac{1}{2}\left(\boldsymbol{A} - \boldsymbol{A}^\top\right).$$

Daraus folgt, dass jede Diagonalmatrix symmetrisch ist und dass alle Diagonalelemente einer antisymmetrischen Matrix gleich Null sind.

Beispiel 10.7

$$\boldsymbol{A} = \begin{pmatrix} 1 & 3 & 2 \\ 7 & 5 & 4 \\ 6 & 0 & 2 \end{pmatrix}, \qquad \boldsymbol{A}_\mathrm{s} = \begin{pmatrix} 1 & 5 & 4 \\ 5 & 5 & 2 \\ 4 & 2 & 2 \end{pmatrix}, \qquad \boldsymbol{A}_\mathrm{a} = \begin{pmatrix} 0 & -2 & -2 \\ 2 & 0 & 2 \\ 2 & -2 & 0 \end{pmatrix}.$$

---

[1] Skalare können auch Zahlen sein. Zu Einzelheiten siehe das nächste Kapitel.

[2] Die skalare Multiplikation darf nicht mit dem Skalarprodukt verwechselt werden.

Zwei Matrizen $\boldsymbol{A}$ und $\boldsymbol{B}$ können multipliziert werden, wenn die Anzahl der Spalten von $\boldsymbol{A}$ gleich der Anzahl der Zeilen von $\boldsymbol{B}$ ist. Für das *Matrixprodukt* schreiben wir

$$\boldsymbol{C} = \boldsymbol{AB} \qquad \text{mit} \qquad c_{ij} = \sum_k a_{ik} b_{kj} \,.$$

Das Matrixprodukt ist wieder eine Matrix, die dieselbe Anzahl von Zeilen hat, wie die Matrix $\boldsymbol{A}$ und dieselbe Anzahl von Spalten wie die Matrix $\boldsymbol{B}$.

Beispiel 10.8

$$\begin{pmatrix} 1 & 3 \\ 2 & 1 \\ 3 & 6 \end{pmatrix} \begin{pmatrix} 1 & 4 & 0 & 3 \\ 2 & 1 & 5 & 7 \end{pmatrix} = \begin{pmatrix} 7 & 7 & 15 & 24 \\ 4 & 9 & 5 & 13 \\ 15 & 18 & 30 & 51 \end{pmatrix}$$

Im Gegensatz zu Zahlen ist das Produkt von Matrizen nicht kommutativ, d. h. im Allgemeinen gilt $\boldsymbol{AB} \neq \boldsymbol{BA}$.

Beispiel 10.9
Es ist

$$\begin{pmatrix} 1 & 3 \\ 3 & 6 \end{pmatrix} \begin{pmatrix} 1 & 4 \\ 2 & 1 \end{pmatrix} = \begin{pmatrix} 7 & 7 \\ 15 & 18 \end{pmatrix},$$

aber

$$\begin{pmatrix} 1 & 4 \\ 2 & 1 \end{pmatrix} \begin{pmatrix} 1 & 3 \\ 3 & 6 \end{pmatrix} = \begin{pmatrix} 13 & 27 \\ 5 & 12 \end{pmatrix}.$$

Ist eine der Matrizen eines Matrixprodukts eine Nullmatrix, dann ist das Ergebnis eine Nullmatrix. Es ist aber auch nicht ausgeschlossen, dass wir bei der Matrixmultiplikation das Resultat $\boldsymbol{AB} = \boldsymbol{0}$ erhalten, obwohl weder $\boldsymbol{A}$ noch $\boldsymbol{B}$ Nullmatrizen sind.

Beispiel 10.10

$$\begin{pmatrix} 2 & -1 \\ -4 & 2 \end{pmatrix} \begin{pmatrix} 1 & 2 \\ 2 & 4 \end{pmatrix} = \begin{pmatrix} 0 & 0 \\ 0 & 0 \end{pmatrix}.$$

Eine quadratische Matrix $\boldsymbol{A}^{-1}$, für die $\boldsymbol{AA}^{-1} = \boldsymbol{A}^{-1}\boldsymbol{A} = \boldsymbol{I}$ gilt, nennen wir die zu $\boldsymbol{A}$ *inverse*[1] *Matrix* oder kurz ihre *Inverse*. Nicht alle Matrizen haben eine Inverse. Eine Matrix, für die keine inverse Matrix existiert, heißt *singuläre Matrix*.

Beispiel 10.11

$$\text{Für die Matrix} \quad \boldsymbol{A} = \begin{pmatrix} 1 & 0 & 1 \\ 0 & 1 & 0 \\ 1 & 0 & 0 \end{pmatrix} \quad \text{ist} \quad \boldsymbol{A}^{-1} = \begin{pmatrix} 0 & 0 & 1 \\ 0 & 1 & 0 \\ 1 & 0 & -1 \end{pmatrix}.$$

[1] von lateinisch *invertere* = umkehren, umdrehen

Inverse Matrizen sind nur für quadratische Matrizen definiert. Das Konzept lässt sich aber für beliebige rechteckige Matrizen verallgemeinern. Eine Matrix $\boldsymbol{A}^+$, für die $\boldsymbol{A}\boldsymbol{A}^+\boldsymbol{A} = \boldsymbol{A}$ und $\boldsymbol{A}^+\boldsymbol{A}\boldsymbol{A}^+ = \boldsymbol{A}^+$ gilt, nennen wir *Pseudoinverse* der Matrix $\boldsymbol{A}$, unter der Voraussetzung, dass sowohl $\boldsymbol{A}^+\boldsymbol{A}$, als auch $\boldsymbol{A}\boldsymbol{A}^+$ hermitesch sind.

Eine $(m \times n)$-Matrix $\boldsymbol{A}$ können wir uns auch als Anordnung von n Spaltenvektoren in der Form $\boldsymbol{A} = (\boldsymbol{a}_1\ \boldsymbol{a}_2\ \ldots\ \boldsymbol{a}_n)$ vorstellen, wobei jeder Spaltenvektor $\boldsymbol{a}_i$ $(1 \leq i \leq n)$ genau m Elemente hat. Die maximale Anzahl der linear unabhängigen Spaltenvektoren[1]einer Matrix nennen wir ihren *Rang* und schreiben dafür $\operatorname{rank}(\boldsymbol{A})$. Das gleiche Ergebnis erhalten wir für die transponierte Matrix. Der Rang einer Matrix ist nie größer als die Zahl ihrer Spalten oder Zeilen, d. h. für jede $(m \times n)$-Matrix $\boldsymbol{A}$ gilt $\operatorname{rank}(\boldsymbol{A}) \leq \min\{m; n\}$.

Beispiel 10.12

Für die Matrix

$$\boldsymbol{A} = \begin{pmatrix} 1 & 0 & 0 & 0 \\ 7 & 8 & 4 & 2 \\ 5 & 4 & 2 & 1 \end{pmatrix}$$

ergibt sich $\operatorname{rank}(\boldsymbol{A}) = 2$, weil der zweite und dritte Spaltenvektor der Matrix Vielfache ihres letzten Spaltenvektors sind. Daraus folgt, dass es nur zwei linear unabhängige Spaltenvektoren der Matrix gibt, nämlich den ersten und den letzten.

In engem Zusammenhang mit dem Begriff *Matrix* steht der Begriff *Determinante*. Beide Begriffe wurden ursprünglich im Zusammenhang mit linearen Gleichungssystemen eingeführt. Eine Theorie der Determinanten entstand bereits im siebzehnten Jahrhundert, also etwa zweihundert Jahre früher als die der Matrizen.

Determinanten sind besondere Funktionen, die Matrizen auf Zahlen abbilden. Jeder quadratischen Matrix

$$\boldsymbol{A} = \begin{pmatrix} a_{11} & a_{12} & \cdots & a_{1n} \\ a_{21} & a_{22} & \cdots & a_{2n} \\ \vdots & \vdots & \ddots & \vdots \\ a_{n1} & a_{n2} & \cdots & a_{nn} \end{pmatrix}$$

lässt sich auf eindeutige Weise eine Zahl zuordnen, die wir ihre *Determinante*[2] nennen und schreiben als

$$\det \boldsymbol{A} = \begin{vmatrix} a_{11} & a_{12} & \cdots & a_{1n} \\ a_{21} & a_{22} & \cdots & a_{2n} \\ \vdots & \vdots & \ddots & \vdots \\ a_{n1} & a_{n2} & \cdots & a_{nn} \end{vmatrix}.$$

[1] Vektoren heißen linear abhängig, wenn ihre Linearkombination mit Koeffizienten, die nicht alle gleichzeitig gleich null sind, den Nullvektor ergibt, anderenfalls heißen sie linear unabhängig.

[2] von lateinisch *determinare* = festsetzen, bestimmen

Determinanten ermöglichen es uns festzustellen, ob ein lineares Gleichungssystem $\boldsymbol{Ax} = \boldsymbol{b}$ eindeutig nach $\boldsymbol{x}$ auflösbar ist. Das ist dann der Fall, wenn die Determinante $\det \boldsymbol{A}$ ungleich null ist. Dementsprechend ist eine quadratische Matrix genau dann invertierbar, wenn ihre Determinante nicht null ist.

Die Definition der Determinante einer quadratischen $(n \times n)$-Matrix $\boldsymbol{A}$ ist durch die Leibniz-Formel[1]

$$\det \boldsymbol{A} = \sum_{p \in S_n} \operatorname{sgn}(p) \prod_{i=1}^{n} a_{i,p_i}$$

gegeben. Die Summe erstreckt sich über alle $n!$ möglichen Permutationen[2] p der Folge $S_n = (1; \dots; n)$ für die Indizes p_i, wobei der Faktor $\operatorname{sgn}(p)$ für eine gerade Permutation den Wert 1 annimmt und für eine ungerade den Wert -1.

Beispiel 10.13

Für eine (3×3)-Matrix $\boldsymbol{A}$ ist $n = 3$, d. h. die Determinante hat sechs Summanden. Jeder Summand ist ein Produkt von drei Matrixelementen, deren Zeilenindizes durch die Folge $(1; 2; 3)$ festgelegt sind, während ihre Spaltenindizes durch eine der sechs Permutationen dieser Folge gegeben sind. Das Produkt der Matrixelemente ist positiv zu nehmen, wenn diese Permutation gerade ist, anderenfalls ist es negativ zu nehmen. Wir erhalten demzufolge

$$\det A = a_{11}a_{22}a_{33} + a_{12}a_{23}a_{31} + a_{13}a_{21}a_{32} - a_{12}a_{21}a_{33} - a_{13}a_{22}a_{31} - a_{11}a_{23}a_{32}\,.$$

Ein einfacheres Verfahren, um die Summanden der Leibniz-Formel in einer ganz bestimmten Reihenfolge zu berechnen sind die Entwicklungsformeln von Laplace[3]

$$\det \boldsymbol{A} = \sum_{i=1}^{n} (-1)^{i+j} a_{ij} \det \boldsymbol{A}_{ij}\,, \qquad \text{(Entwicklung nach der } j\text{-ten Splalte)}$$

bzw.

$$\det \boldsymbol{A} = \sum_{j=1}^{n} (-1)^{i+j} a_{ij} \det \boldsymbol{A}_{ij}\,, \qquad \text{(Entwicklung nach der } i\text{-ten Zeile)}$$

wobei $\boldsymbol{A}_{ij}$ eine Matrix bezeichnet, die sich aus der Matrix $\boldsymbol{A}$ durch Streichen der i-ten Zeile und der j-ten Spalte ergibt.

[1] Eingeführt von Gottfried Wilhelm Leibniz; **Gottfried Wilhelm Leibniz**, geboren 1646-07-01 in Leipzig, gestorben 1716-11-14 in Hannover, war ein deutscher Philosoph, Mathematiker, Diplomat, Historiker und politischer Berater.

[2] Zu Permutationen siehe Kapitel 7.

[3] **Pierre-Simon Laplace**, geboren 1749-03-28 in Beaumont-en-Auge in der Normandie, gestorben 1827-03-05 in Paris, war ein französischer Mathematiker, Physiker und Astronom.

Beispiel 10.14
Für eine (3×3)-Matrix $\boldsymbol{A}$ erhalten wir durch Entwicklung nach der ersten Spalte

$$\det \boldsymbol{A} = \begin{vmatrix} a_{11} & a_{12} & a_{13} \\ a_{21} & a_{22} & a_{23} \\ a_{31} & a_{32} & a_{33} \end{vmatrix} = a_{11} \begin{vmatrix} a_{22} & a_{23} \\ a_{32} & a_{33} \end{vmatrix} - a_{21} \begin{vmatrix} a_{12} & a_{13} \\ a_{32} & a_{33} \end{vmatrix} + a_{31} \begin{vmatrix} a_{12} & a_{13} \\ a_{22} & a_{23} \end{vmatrix}$$
$$= a_{11}(a_{22}a_{33} - a_{23}a_{32}) - a_{21}(a_{12}a_{33} - a_{13}a_{32}) + a_{31}(a_{12}a_{23} - a_{13}a_{22}) .$$

Sowohl die Leibniz-Formel als auch die Entwicklungsformeln von Laplace sind wegen der sehr schnell wachsenden Anzahl der Summanden bei größeren Matrizen für die praktische Anwendung ungeeignet (für $n = 10$ gibt es bereits 3 628 800 Summanden). Sie sind lediglich von theoretischem Interesse, um Aussagen über Determinanten zu beweisen. Damit lässt sich z. B. zeigen, dass $\det \boldsymbol{A}^\top = \det \boldsymbol{A}$ ist.

Für die praktische Berechnung der Determinante einer Matrix wird diese mit Hilfe des Gauß-Algorithmus auf Dreiecksform transformiert und dann ausgenutzt, dass die Determinante einer Dreiecksmatrix das Produkt ihrer Hauptdiagonalelemente ist.

Beispiel 10.15

$$\begin{vmatrix} 1 & 2 & 3 \\ 3 & 0 & 2 \\ 9 & 6 & 8 \end{vmatrix} = \begin{vmatrix} 1 & 2 & 3 \\ 0 & -6 & -7 \\ 0 & 0 & -5 \end{vmatrix} = 30 ,$$

Eine weitere wichtige Kennzahl einer quadratischen Matrix $\boldsymbol{A}$ ist die Summe ihrer Hauptdiagonalelemente,

$$\operatorname{tr} \boldsymbol{A} = \sum_i a_{ii} ,$$

die wir *Spur der Matrix* nennen. Da sich die Hauptdiagonale bei der Transposition einer quadratischen Matrix $\boldsymbol{A}$ nicht ändert, gilt $\operatorname{tr} \boldsymbol{A}^\top = \operatorname{tr} \boldsymbol{A}$.[1]

Beispiel 10.16
Für die Matrix

$$\boldsymbol{A} = \begin{pmatrix} 1 & 0 & -3 \\ 7 & -5 & 4 \\ 6 & 5 & 2 \end{pmatrix}$$

ergibt sich $\operatorname{tr} \boldsymbol{A} = -2$.

Neben der Determinante und der Spur gibt es noch eine weitere wichtige Zahl, die wir einer reellen oder komplexen Matrix $\boldsymbol{A}$ zuordnen können, nämlich ihre Norm, die

[1]Das Zeichen tr steht für das englische Wort *trace* = Spur.

wir mit $\|\boldsymbol{A}\|$ bezeichnen. Die *Matrixnorm* ist eine nichtnegative reelle Zahl, die nur dann gleich Null ist, wenn alle Elemente der Matrix gleich Null sind.

Genau genommen gibt es nicht nur eine Matrixnorm, sondern mehrere verschiedene. Wir betrachten hier nur die Norm nach Frobenius[1] (*Frobenius-Norm*), die durch

$$\|\boldsymbol{A}\| = \sqrt{\sum_{i,j} |a_{ij}|^2}$$

definiert ist und für Matrizen, die nur aus einem Spalten- oder Zeilenvektor bestehen, mit der euklidischen Norm übereinstimmt. Um verschiedene Normen in der Schreibweise zu unterscheiden, werden häufig Indizes verwendet. Die Frobenius-Norm wird dann z. B. mit $\|\boldsymbol{A}\|_\mathrm{F}$ oder $\|\boldsymbol{A}\|_2$ bezeichnet. Wird kein Index hinzugefügt, ist in der Regel die Frobenius-Norm gemeint, bzw. bei Vektoren die euklidische Norm.

Beispiel 10.17
Für die Matrix

$$\boldsymbol{A} = \begin{pmatrix} 1 & 2 & -3 \\ 7 & -5 & 4 \\ 6 & 5 & 2 \end{pmatrix}$$

ergibt sich für die Frobenius-Norm $\|\boldsymbol{A}\| = 13$.

Eine reelle, quadratische Matrix $\boldsymbol{Q}$, für die $\boldsymbol{Q}^{-1} = \boldsymbol{Q}^\top$ gilt, nennen wir *orthogonale Matrix*. Aus dieser Definition folgt, dass Spalten- und Zeilenvektoren einer orthogonalen Matrix orthogonal sind. Für orthogonale Matrizen gilt stets $|\det \boldsymbol{Q}| = 1$. Dies ist aber *keine* hinreichende Bedingung für eine orthogonale Matrix, denn es gibt auch andere Matrizen, deren Determinante den Betrag eins hat.

Orthogonale Matrizen werden z. B. zur Darstellung von *Kongruenzabbildungen* im euklidischen Raum verwendet. Kongruenzabbildungen sind z. B. Drehungen ($\det \boldsymbol{Q} = 1$) und Spiegelungen ($\det \boldsymbol{Q} = -1$) oder eine beliebige Kombination daraus.

Beispiel 10.18
Im dreidimensionalen Raum kann eine Drehung um die z-Achse eines kartesischen Koordinatensystems durch die orthogonalen Matrizen

$$\boldsymbol{R} = \begin{pmatrix} \cos\alpha & \sin\alpha & 0 \\ -\sin\alpha & \cos\alpha & 0 \\ 0 & 0 & 1 \end{pmatrix}, \qquad \text{bzw.} \qquad \boldsymbol{R}^{-1} = \begin{pmatrix} \cos\alpha & -\sin\alpha & 0 \\ \sin\alpha & \cos\alpha & 0 \\ 0 & 0 & 1 \end{pmatrix},$$

dargestellt werden, wobei α das Maß des Drehwinkels bezeichnet. Es ist

$$\det \boldsymbol{R} = \cos^2\alpha + \sin^2\alpha = 1\,,$$

[1] **Ferdinand Georg Frobenius**, geboren 1849-10-26 in Berlin, gestorben 1917-08-03 in Charlottenburg (heute ein Stadtteil von Berlin), war ein deutscher Mathematiker.

wie es für eine reine Drehung auch sein muss.

Beispiel 10.19
In der Ebene kann die Spiegelung an einer Geraden, die durch den Ursprung eines kartesischen Koordinatensystems geht, durch die orthogonale Matrix

$$\boldsymbol{S} = \begin{pmatrix} \cos 2\alpha & \sin 2\alpha \\ \sin 2\alpha & -\cos 2\alpha \end{pmatrix} = \boldsymbol{S}^{-1}$$

dargestellt werden, wobei α das Maß des Steigungswinkels der Geraden bezüglich der x_2-Achse des Koordinatensystems bezeichnet. Es ist

$$\det \boldsymbol{S} = -\cos^2 2\alpha - \sin^2 2\alpha = -1\,,$$

wie es für eine reine Spiegelung auch sein muss.

Die Matrix $\boldsymbol{S}$ in diesem Beispiel ist eine *selbstinverse Matrix*. Diese Matrizen können zur Darstellung *involutorischer*[1]*Abbildungen* verwendet werden, denn es gilt $\boldsymbol{S}^2 = \boldsymbol{I}$ und die zweimalige Anwendung einer involutorischen Abbildung entspricht der identischen Abbildung. Spiegelungen sind immer involutorische Abbildungen.

Eine komplexe quadratische Matrix $\boldsymbol{U}$, für die $\boldsymbol{U}^{-1} = \boldsymbol{U}^{\mathsf{H}}$ gilt, nennen wir *unitäre Matrix*. Unitäre Matrizen sind das komplexe Gegenstück zu den orthogonalen Matrizen. Für sie gilt ebenfalls stets $|\det \boldsymbol{U}| = 1$. In der Physik ist ihr Hauptanwendungsgebiet die Quantenmechanik, in den Ingenieurswissenschaften spielen sie bei der diskreten Fourier-Transformation[2] eine wichtige Rolle.

Beispiel 10.20
Die von Wolfgang Pauli[3] 1927 zur Beschreibung des Elektronenspins eingeführten Matrizen

$$\boldsymbol{\sigma}_1 = \begin{pmatrix} 0 & 1 \\ 1 & 0 \end{pmatrix}, \qquad \boldsymbol{\sigma}_2 = \begin{pmatrix} 0 & -\mathrm{i} \\ \mathrm{i} & 0 \end{pmatrix}, \qquad \boldsymbol{\sigma}_3 = \begin{pmatrix} 1 & 0 \\ 0 & -1 \end{pmatrix},$$

sind unitär. Sie sind außerdem selbstinvers.

Alle komplexen (2×2)-Matrizen lassen sich als Linearkombinationen der Pauli-Matrizen und der (2×2)-Einheitsmatrix[4] mit komplexen Koeffizienten darstellen.

[1] von lateinisch *involvere* = einwickeln
[2] zur Fourier-Transformation siehe Kapitel 14
[3] **Wolfgang Ernst Pauli**, geboren 1900-04-25 in Wien, gestorben 1958-12-15 in Zürich, war ein österreichischer Physiker und Nobelpreisträger und gilt als einer der bedeutendsten Physiker des 20. Jahrhunderts.
[4] In der Quantenmechanik ist es üblich, diese Matrix mit $\boldsymbol{\sigma}_0$ zu bezeichnen.

11 Skalare, Vektoren, Tensoren

$\overrightarrow{AB}$ $\vec{v}$ $\boldsymbol{v}$ $|\vec{v}|$ $|\boldsymbol{v}|$ $\vec{0}$ $\mathbf{0}$ $\vec{e}_i$

$\vec{e}_{\vec{v}}$ $\hat{\boldsymbol{v}}$ v_i $\vec{u}\cdot\vec{v}$ $\vec{u}\times\vec{v}$ δ_{ij} ε_{ijk}

∂ $\vec{\nabla}$ grad div rot Δ $\Box$

$\vec{\vec{T}}$ $\vec{u}\otimes\vec{v}$ $\vec{\vec{T}}\otimes\vec{\vec{S}}$ $\vec{\vec{T}}\cdot\vec{\vec{S}}$ $\vec{\vec{T}}:\vec{\vec{S}}$

Skalare, Vektoren und Tensoren sind mathematische Objekte, die in den Natur- und Ingenieurswissenschaften verwendet werden, um physikalische Größen mathematisch zu beschreiben. Sie erfüllen die wichtige Forderung, dass die mit ihrer Hilfe formulierten physikalischen Gesetze zur Beschreibung der Naturphänomene nicht von der Wahl eines bestimmten Koordinatensystems[1] abhängen dürfen.

Die in Physik und Technik *Skalare*[2] genannten Größen sind richtungsunabhängig. Sie sind vergleichbar mit Zahlen, unterscheiden sich aber von diesen dadurch, dass ihre Werte im Allgemeinen eine Einheit haben (früher war es deshalb üblich, von *benannten Zahlen* zu sprechen), es sei denn, es handelt sich um reine Zahlen.

Beispiel 11.1
In der Normalatmosphäre ist der Wert der Luftdichte $1{,}293\,\mathrm{kg/m^3}$. Die Dichte ist ein Skalar mit einer Einheit. Der Wert des Brechungsindexes von Fensterglas ist 1,52. Der Brechungsindex ist ein Skalar, der eine reine Zahl ist.

Während Skalare allein durch ihren Wert charakterisiert werden können, haben die Vektoren noch zusätzlich eine Richtung. Von der Richtung abhängige Eigenschaften und Vorgänge kommen in der Natur häufig vor und die entsprechenden Begriffe bilden daher einen festen Bestandteil jeder Sprache.

---

[1] Koordinatensysteme werden im nächsten Kapitel behandelt.

[2] von lateinisch *scala* = Leiter

Beispiel 11.2
Wir unterscheiden bereits an unserem Körper oben und unten, links und rechts, vorn und hinten. Wir bewegen uns in bestimmte Richtungen und auch bei der Anwendung unserer Körperkräfte unterscheiden wir zwischen ziehen und drücken.

Der Begriff des *Vektors*[1] knüpft an unsere Richtungserfahrungen im Raum an und verallgemeinert sie. In der Mathematik ist ein Vektor ein abstraktes mathematisches Objekt, das in einem Raum beliebiger Dimension definiert werden kann.

Zwei verschiedene Punkte A und B im Raum[2] legen einen Vektor $\overrightarrow{AB}$ fest, dessen Wert durch den kürzesten Abstand zwischen diesen Punkten gegeben ist und dessen Orientierung[3] durch einen Pfeil symbolisiert werden kann, der von A nach B zeigt. Der Wert des Vektors ist ein Skalar, den wir seinen *Betrag* nennen.

Zwei Vektoren sind nur dann gleich, wenn sie in Betrag, Richtung[4] und Orientierung übereinstimmen. Daraus folgt, dass der Vektor $\overrightarrow{AB}$ nur ein Repräsentant einer Menge gleich gerichteter Vektoren mit gleichem Betrag und gleicher Orientierung ist.

Beispiel 11.3
Ein Parallelogramm $ABCD$ können wir uns durch die beiden Vektoren $\overrightarrow{AB}$ und $\overrightarrow{AD}$ aufgespannt denken. Es gilt dann $\overrightarrow{AB} = \overrightarrow{DC}$ und $\overrightarrow{AD} = \overrightarrow{BC}$.

Wir stellen also fest, dass jeder Vektor parallel zu sich im Raum verschoben werden darf, d. h. er ist nicht an bestimmte Punkte im Raum gebunden. Daher sprechen wir auch von einem *freien Vektor*. Wir werden diese Vektoren im folgenden durch kleine Buchstaben mit einem darüber gesetzten Pfeil bezeichnen, da die oben zunächst gewählte Art der Bezeichnung sich nun als nicht mehr sinnvoll erweist. Alternativ können auch in Fettschrift gesetzte Kleinbuchstaben benutzt werden.

Den Betrag eines Vektors $\vec{u}$ bezeichnen wir durch das Symbol $|\vec{u}|$. Der Betrag ist ein Skalar und stets positiv. Im Falle abstrakter Vektoren in der Mathematik wird anstatt vom Betrag eines Vektors auch von seiner *Norm* gesprochen und dann anstelle des Symbols $|\vec{u}|$ das Symbol $||\vec{u}||$ verwendet.

Es ist eine inzwischen weit verbreitete Unsitte, den Betrag eines Vektors *Länge* zu nennen. Das ist falsch, denn *Länge* ist eine Eigenschaft einer Strecke. Die Sinnlosigkeit, diesen Begriff auch für einen Vektor zu verwenden, lässt sich am einfachsten durch ein Beispiel demonstrieren. Die physikalische Größe Kraft beispielsweise ist ein Vektor, aber es würde wohl niemand auf die Idee kommen, von der Länge einer Kraft zu sprechen — in diesem Fall ist der Unsinn unmittelbar erkennbar.

[1] von lateinisch *vector* = Träger, Fahrer, Seefahrer

[2] Der Begriff *Raum* ist hier im Sinne von *linearer Raum* bzw. *Vektorraum* zu verstehen, d. h. als mathematische Abstraktion des gewöhnlichen Raumbegriffs der Umgangssprache.

[3] Der Begriff *Orientierung* wird im nächsten Kapitel behandelt.

[4] Die *Richtung* ist eine Eigenschaft paralleler Geraden, die sich auf zu ihnen parallele Vektoren überträgt.

Zu jedem Vektor $\vec{u}$ gibt es einen zu ihm *inversen*[1] *Vektor* mit gleichem Betrag und gleicher Richtung, aber entgegengesetzter Orientierung, den wir üblicherweise mit $-\vec{u}$ bezeichnen. Korrekterweise müssten wir allerdings $\overrightarrow{-u}$ schreiben, weil das Minuszeichen hier kein Operator ist, sondern ein Bestandteil der Vektordarstellung. In der Schreibweise $-\boldsymbol{u}$ ist dieser Unterschied aber nicht erkennbar.

Beispiel 11.4
Wenn es beim Tauziehen keine der beiden Mannschaften schafft, die andere auf die eigene Seite zu ziehen, dann ziehen beide Mannschaften mit einer Kraft von gleichem Betrag und gleicher Richtung am Tau, aber mit entgegengesetzter Orientierung.[2]

Jeder Vektor kann mit einer Zahl k multipliziert werden. Dadurch ändert sich sein Betrag. Falls k negativ ist, ändert sich auch die Orientierung. Aus der Gleichung $\vec{b} = k\vec{a}$ kann geschlossen werden, dass $\vec{a}$ und $\vec{b}$ die gleiche Richtung haben. In diesem Fall sagen wir auch, die Vektoren $\vec{a}$ und $\vec{b}$ seien *parallel.*

Beispiel 11.5
Eine Masse m drückt im Schwerefeld der Erde mit der Kraft (Gewicht) $\vec{F} = m\vec{g}$ auf ihre Unterlage, wobei $\vec{g}$ den Vektor der Fallbeschleunigung bezeichnet. Hier sind Gewichtskraft und Fallbeschleunigung parallele Vektoren.

Vektoren können additiv verknüpft werden. Die Operation, die zwei Vektoren einen weiteren Vektor zuordnet, nennen wir *Vektoraddition* und drücken sie durch $\vec{w} = \vec{u} + \vec{v}$ aus. Der Vektor $\vec{w}$ heißt *Vektorsumme* der Vektoren $\vec{u}$ und $\vec{v}$. Für die Vektoraddition gelten die gleichen Rechenregeln wie für die Addition von Zahlen.

Die zur Vektoraddition inverse Operation ist die *Vektorsubtraktion*, die wir durch $\vec{w} = \vec{u} - \vec{v}$ ausdrücken. Dies ist eine Kurzform des Ausdrucks $\vec{w} = \vec{u} + (-\vec{v})$, durch den die Vektorsubtraktion auf die Vektoraddition zurückgeführt wird. Der Vektor $\vec{w}$ heißt *Vektordifferenz* der Vektoren $\vec{u}$ und $\vec{v}$.

Die Vektoraddition jedes beliebigen Vektors und des zu ihm inversen Vektors ergibt den *Nullvektor*. Der Nullvektor, den wir mit $\vec{0}$ bezeichnen, hat den Betrag Null. Eine Richtung lässt sich für ihn nicht sinnvoll definieren.

Beispiel 11.6
Beim Gleitflug (stationärer antriebsloser Flug, z. B. beim Segelflugzeug) wird die Gewichtskraft durch die Summe der durch Auftrieb und Luftwiderstand erzeugten Kräfte kompensiert und die Summe aus der durch den Luftwiderstand entstehenden Kraft und der Vortriebskraft (Komponente der Schwerkraft) ist Null.

---

[1] von lateinisch *versus* = Richtung mit der verneinenden Vorsilbe *in*, also entgegengesetzte Richtung

[2] In der Umgangssprache werden die Begriffe *Richtung* und *Orientierung* nicht immer klar unterschieden.

Aus allen Vektoren eines n-dimensionalen Raums lassen sich stets genau n beliebige, vom Nullvektor verschiedene, Vektoren $\vec{g}_i$ $(i = 1; \dots; n)$ derart auswählen, dass jeder andere Vektor $\vec{u}$ des Raumes sich eindeutig durch die Linearkombination

$$\vec{u} = \sum_{i=1}^{n} u_i \vec{g}_i$$

darstellen lässt. Für die Darstellung des Nullvektors wird dabei insbesondere gefordert, dass *alle* Koeffizienten u_i $(i = 1, \dots, n)$ gleich null sein müssen.[1] Wir nennen die Menge der n Vektoren $\vec{g}_i$ eine *Basis* des Raumes. Jedes Element der Basis heißt *Basisvektor*. Die n Vektoren $u_i \vec{g}_i$ nennen wir *Komponenten*[2] des Vektors $\vec{u}$, die n Zahlen u_i seine *Koordinaten* bezüglich der Basis. Da es mehr als eine mögliche Basis gibt, muss sie immer angegeben werden, es sei denn, sie ergibt sich aus dem Kontext.

Jeder Vektor ist durch die Angabe seiner Koordinaten bezüglich einer Basis eindeutig festgelegt. Bei bekannter Basis reicht es also aus, nur das n-Tupel seiner Koordinaten anzugeben. Es ist daher weitgehend üblich, einen Vektor in Form einer Spaltenmatrix darzustellen

$$\vec{u} = \begin{pmatrix} u_1 \\ u_2 \\ \vdots \\ u_n \end{pmatrix}.$$

Um Platz zu sparen, wird auch oft die transponierte Zeilenform $\vec{u} = (u_1; u_2; \dots; u_n)^\top$ verwendet, die dazu äquivalent ist.

Häufig wird die *Darstellung eines Vektors* in Form einer Spalten- oder Zeilenmatrix ebenfalls *Vektor* genannt. Das ist nicht korrekt und kann sogar zu Missverständnissen führen, da sich bei einem Wechsel der Basis die Koordinaten ändern, der Vektor selbst aber unverändert bleibt. Es sollte deshalb begrifflich immer zwischen einem Vektor und seiner Darstellung unterschieden werden.

Jedem vom Nullvektor verschiedenen Vektor $\vec{u}$ lässt sich durch die Beziehung

$$\vec{e}_{\vec{u}} = \frac{1}{|\vec{u}|}\vec{u}$$

ein Vektor zuordnen, dessen Richtung mit der des Vektors $\vec{u}$ übereinstimmt, der aber den Betrag Eins hat. Wir nennen diesen Vektor einen *Einheitsvektor*. Manchmal wird dieser Einheitsvektor auch mit $\hat{\boldsymbol{u}}$ bezeichnet. Jeder Vektor lässt sich demzufolge immer als Produkt eines Skalars und eines Einheitsvektors schreiben, den wir in bestimmten Fällen auch *Richtungsvektor* nennen.

---

[1] Wenn diese Bedingung erfüllt ist, sagen wir, die Vektoren $\vec{g}_i$ seien *linear unabhängig*.

[2] von lateinisch *componere* = zusammensetzen (aber auch Truppen aufstellen)

Jedem Punkt $P(p_1; p_2; \ldots; p_n)$ lässt sich in Bezug auf ein Koordinatensystem ein *Ortsvektor* (auch *Radiusvektor* genannt) zuordnen, dessen Anfangspunkt stets mit dem Ursprung des Koordinatensystems übereinstimmt und dessen Endpunkt der betrachtete Punkt ist. Wir können diesen Vektor durch die Linearkombination

$$\vec{P} = \sum_{i=1}^{n} p_i \vec{g}_i$$

ausdrücken. Punkte und ihre zugehörigen Ortsvektoren werden mit denselben Buchstaben bezeichnet. Ortsvektoren sind sogenannte *gebundene Vektoren.*

Die Differenz zweier Ortsvektoren ist ein freier Vektor, den wir *Verbindungsvektor* nennen. Für den Verbindungsvektor zweier Punkte A und B mit den Ortsvektoren $\vec{A}$ und $\vec{B}$ schreiben wir $\overrightarrow{AB} = \vec{B} - \vec{A}$ und für seinen Betrag $d(A; B) = |\overrightarrow{AB}|$.

Aus der Gleichheit zweier Ortsvektoren können wir stets auf die Gleichheit der ihnen zugeordneten Punkte schließen. Für die Gleichheit von Verbindungsvektoren gilt diese Aussage nicht mehr. Sehen wir uns z. B. ein Parallelogramm $ABCD$ an, dann stellen wir fest, dass zwar $\overrightarrow{AB} = \overrightarrow{DC}$ ist, die gleich langen Strecken $[AB]$ und $[DC]$ aber nicht gleich sind, da sie nicht dieselbe Position im Raum haben. Wir können demzufolge aus $\overrightarrow{AB} = \overrightarrow{DC}$ nicht auf $A = D$ und $B = C$ schließen.

Die bisher betrachteten Räume waren noch sehr allgemein. In ihnen ist es z. B. noch nicht möglich, Abstände zwischen Punkten und Winkel zwischen Vektoren zu messen. Das lässt sich durch zusätzliche Einführung einer *Skalarprodukt* genannten Operation $(\vec{u} \cdot \vec{v})$ erreichen, die zwei Vektoren $\vec{u}$ und $\vec{v}$ eine reelle Zahl zuordnet und durch die beiden Forderungen

$$|\vec{u}| = \sqrt{\vec{u} \cdot \vec{u}} = \sqrt{\vec{u}^2}$$

und

$$\cos\varphi = \frac{\vec{u} \cdot \vec{v}}{|\vec{u}| \cdot |\vec{v}|}$$

definiert wird, wobei wir mit $|\vec{u}|$ und $|\vec{v}|$ die Beträge der Vektoren $\vec{u}$ und $\vec{v}$ bezeichnen und mit φ das Maß des Winkels zwischen ihnen. In der letzten Gleichung hat der Punkt im Zähler des Ausdrucks auf der rechten Seite eine andere Bedeutung als der Punkt im Nenner, der nur das Produkt zweier Zahlen ausdrückt und auch weggelassen werden könnte. Der Punkt im Zähler kann dagegen nicht weggelassen werden.

Um den Unterschied zwischen dem Produkt von Zahlen und dem Skalarprodukt auch in der Schreibweise deutlich zu machen, wird manchmal als Verknüpfungszeichen für das Skalarprodukt das Zeichen $\circ$ anstatt des Punktes verwendet.

Ersetzen wir im Skalarprodukt die beiden Vektoren durch ihre oben eingeführte Linearkombination der Basisvektoren, dann erhalten wir

$$\vec{u} \cdot \vec{v} = \left(\sum_{i=1}^{n} u_i \vec{g}_i\right) \cdot \left(\sum_{j=1}^{n} v_j \vec{g}_j\right) = \sum_{i,j=1}^{n} u_i g_{ij} v_j \,,$$

mit

$$g_{ij} = \vec{g}_i \cdot \vec{g}_j = |\vec{g}_i|\,|\vec{g}_j| \cos\varphi_{ij}\,, \quad i,j = 1,\dots,n\,,$$

wobei φ_{ij} das Maß des Winkels zwischen den Basisvektoren $\vec{g}_i$ und $\vec{g}_j$ bezeichnet. Die Zahlen u_i bzw. v_j bezeichnen die Koordinaten der Vektoren $\vec{u}$ bzw. $\vec{v}$.

Die Gleichung für die Koeffizienten g_{ij} zeigt uns, dass wir den Ausdruck für das Skalarprodukt erheblich vereinfachen können, wenn wir eine Basis wählen, für deren Basisvektoren

$$|\vec{g}_i| = 1\,, \quad i = 1,\dots,n\,,$$

und

$$\varphi_{ij} = \frac{\pi}{2}\,, \quad i \neq j\,, \quad i,j = 1,\dots,n\,,$$

gilt, d. h. die Basisvektoren sind Einheitsvektoren, die senkrecht zueinander sind. Wir sagen in diesem Fall, dass die Basisvektoren *orthonormiert* sind und nennen die Basis *Orthonormalbasis*, *Standardbasis* oder auch *kanonische*[1] *Basis*.

Für eine Standardbasis ergeben sich also die Koeffizienten $g_{ij} = \delta_{ij}$, wobei

$$\delta_{ij} = \begin{cases} 1 & \text{für } i = j \\ 0 & \text{für } i \neq j \end{cases}$$

das sogenannte Kronecker-Symbol bezeichnet. Damit vereinfacht sich das Skalarprodukt für eine Standardbasis zu

$$\vec{u} \cdot \vec{v} = \sum_{i=1}^{n} u_i v_i\,.$$

Ein Raum, in dem ein Skalarprodukt definiert ist, wird *euklidischer Raum*[2] genannt. Der dreidimensionale euklidische Raum entspricht dem Raum unserer Anschauung. Als Bezugssystem in diesem Raum wird in der Regel ein *kartesisches Koordinatensystem*[3] gewählt, das eine Orthonormalbasis besitzt. Wegen seiner Wichtigkeit und seiner weiten Verbreitung werden wir uns für den Rest dieses Kapitels auf den dreidimensionalen euklidischen Raum beschränken.

In einem dreidimensionalen kartesischen Koordinatensystem wird ein Vektor $\vec{u}$ durch drei Koordinaten u_1, u_2, u_3 beschrieben und üblicherweise in der Spaltenform

$$\vec{u} = \begin{pmatrix} u_1 \\ u_2 \\ u_3 \end{pmatrix}$$

---

[1] von lateinisch *canonicus* = regelgerecht, bzw. altgriechisch κανονικός (kanonikos) = den Regeln entsprechend

[2] Benannt nach **Euklid von Alexandria** (altgriechisch: Εὐκλείδης, latinisiert: *Euclides*), geboren und gestorben in Alexandria in Ägypten. Euklid war ein griechischer Mathematiker, der vermutlich von 323 v.u.Z. bis 285 v.u.Z. in Alexandria gelebt hat.

[3] Benannt nach **René Descartes**, latinisiert Renatus Cartesius, geboren 1596-03-31 in La Haye en Touraine, Frankreich, gestorben 1650-02-11 in Stockholm. Descartes war ein französischer Philosoph, Mathematiker und Naturwissenschaftler.

oder der dazu äquivalenten Zeilenform $(u_1; u_2; u_3)^\top$ dargestellt. Besondere Vektoren sind die drei *Einheitsvektoren*, welche in die *Richtungen der Koordinatenachsen* zeigen und die Länge Eins haben, mit der Darstellung

$$\vec{e}_1 = \begin{pmatrix} 1 \\ 0 \\ 0 \end{pmatrix}, \qquad \vec{e}_2 = \begin{pmatrix} 0 \\ 1 \\ 0 \end{pmatrix}, \qquad \vec{e}_3 = \begin{pmatrix} 0 \\ 0 \\ 1 \end{pmatrix},$$

sowie der *Nullvektor*, mit der Darstellung

$$\vec{0} = \begin{pmatrix} 0 \\ 0 \\ 0 \end{pmatrix},$$

der den Betrag Null hat.

In einem dreidimensionalen kartesischen Koordinatensystem ist der Betrag eines Vektors $\vec{u}$ durch

$$|\vec{u}| = \sqrt{u_1^2 + u_2^2 + u_3^2}$$

gegeben. Häufig wird für den Betrag eines Vektors derselbe Buchstabe ohne darüber gesetzten Pfeil verwendet, also u anstatt $|\vec{u}|$ geschrieben.

Beispiel 11.7
Für den Vektor $\vec{u}$, dargestellt durch

$$\vec{u} = \begin{pmatrix} 2 \\ 2 \\ 1 \end{pmatrix}, \quad \text{ist} \quad |\vec{u}| = \sqrt{2^2 + 2^2 + 1^2} = \sqrt{9} = 3\,.$$

Für die Matrixdarstellung der Addition und Subtraktion von Vektoren sowie für ihre Multiplikation mit einer Zahl k gelten in einem dreidimensionalen kartesischen Koordinatensystem die Regeln

$$\vec{u} \pm \vec{v} = \begin{pmatrix} u_1 \pm v_1 \\ u_2 \pm v_2 \\ u_3 \pm v_3 \end{pmatrix} \qquad \text{und} \qquad k\vec{u} = \begin{pmatrix} ku_1 \\ ku_2 \\ ku_3 \end{pmatrix}.$$

Beispiel 11.8

$$2 \cdot \begin{pmatrix} 1 \\ 2 \\ 3 \end{pmatrix} + 3 \cdot \begin{pmatrix} 3 \\ 2 \\ 1 \end{pmatrix} = \begin{pmatrix} 2 \cdot 1 + 3 \cdot 3 \\ 2 \cdot 2 + 3 \cdot 2 \\ 2 \cdot 3 + 3 \cdot 1 \end{pmatrix} = \begin{pmatrix} 11 \\ 10 \\ 9 \end{pmatrix}$$

Jedem Punkt $P(p_1; p_2; p_3)$ in einem dreidimensionalen euklidischen Raum lässt sich ein *Ortsvektor* (*Radiusvektor*) zuordnen, den wir durch die Linearkombination $\vec{P} = p_1\vec{e}_1 + p_2\vec{e}_2 + p_3\vec{e}_3$ ausdrücken können.

Beispiel 11.9
Der Ortsvektor des Punktes $P(2; 3; 5)$ ist gegeben durch $\vec{P} = 2\vec{e}_1 + 3\vec{e}_2 + 5\vec{e}_3$, d. h. er wird durch

$$\vec{P} = \begin{pmatrix} 2 \\ 3 \\ 5 \end{pmatrix}$$

dargestellt.

Wir geben auch noch ein Beispiel für die Matrixdarstellung des Verbindungsvektors zweier Punkte A und B mit den Ortsvektoren $\vec{A}$ und $\vec{B}$ sowie für seinen Betrag an.

Beispiel 11.10
Für die Punkte $A(7; 5; 2)$ und $B(8; 7; 4)$ gilt

$$\overrightarrow{AB} = \vec{B} - \vec{A} = \begin{pmatrix} 8 \\ 7 \\ 4 \end{pmatrix} - \begin{pmatrix} 7 \\ 5 \\ 2 \end{pmatrix} = \begin{pmatrix} 1 \\ 2 \\ 2 \end{pmatrix}$$

und damit $d(A; B) = |\overrightarrow{AB}| = \sqrt{1 + 4 + 4} = 3$.

Im folgenden Beispiel verwenden wir das Skalarprodukt in der oben angegebenen Form für eine Orthonormalbasis im dreidimensionalen Raum, um das Maß des Winkels zwischen zwei Verbindungsvektoren zu berechnen.

Beispiel 11.11
Für die Punkte $A(1; 2; 3)$, $B(2; 2; 4)$ und $C(1; 3; 4)$ gilt die Darstellung

$$\vec{u} = \vec{B} - \vec{A} = \begin{pmatrix} 1 \\ 0 \\ 1 \end{pmatrix}, \quad \vec{v} = \vec{C} - \vec{A} = \begin{pmatrix} 0 \\ 1 \\ 1 \end{pmatrix} \quad \text{und} \quad \cos\varphi = \frac{\begin{pmatrix} 1 \\ 0 \\ 1 \end{pmatrix} \cdot \begin{pmatrix} 0 \\ 1 \\ 1 \end{pmatrix}}{\sqrt{2} \cdot \sqrt{2}} = \frac{1}{2},$$

sodass sich $\varphi = 60°$ ergibt.

Wir kommen nun zu einem weiteren wichtigen Produkt zweier Vektoren, das ihnen einen dritten Vektor zuordnet und *Vektorprodukt* (*Kreuzprodukt*) genannt wird. In einem dreidimensionalen euklidischen Raum ist es durch die Gleichung

$$\vec{u} \times \vec{v} = \sum_{i,j,k=1}^{3} \varepsilon_{ijk} u_i v_j \vec{e}_k$$

definiert, wobei mit $\vec{e}_k$ ($k = 1,2,3$) orthonormierte Vektoren bezeichnet werden und mit ε_{ijk} das sogenannte *Levi-Civita-Symbol*[1] mit der Definition

$$\varepsilon_{ijk} = \begin{cases} 1 & \text{für eine gerade Anzahl von Vertauschungen der Indizes } i,j,k \\ -1 & \text{für eine ungerade Anzahl von Vertauschungen der Indizes } i,j,k \\ 0 & \text{für zwei gleiche Indizes} \end{cases},$$

wobei der Wert von ε_{123} entweder als 1 oder -1 vorgegeben sein muss. In der Physik und den Ingenieurswissenschaften wird üblicherweise $\varepsilon_{123} = 1$ gewählt.

Setzen wir die Werte des Levi-Civita-Symbols in die Definitionsgleichung für das Vektorprodukt ein, dann erhalten wir durch Ausrechnen die bekannte Darstellung

$$\vec{u} \times \vec{v} = \begin{pmatrix} u_2 v_3 - u_3 v_2 \\ u_3 v_1 - u_1 v_3 \\ u_1 v_2 - u_2 v_1 \end{pmatrix}$$

dieses Produkts durch einen Zeilenvektor, wobei die Zahlen u_1, u_2, u_3 bzw. v_1, v_2, v_3 wie bisher die Koordinaten der Vektoren $\vec{u}$ bzw. $\vec{v}$ bezeichnen.

Die angegebene Definition des Vektorprodukts gilt nur für einen dreidimensionalen Raum mit einem kartesischen Koordinatensystem. Für einen zweidimensionalen Raum ist das Vektorprodukt nicht definiert. Eine Verallgemeinerung auf Räume mit mehr als drei Dimensionen wäre dagegen im Prinzip möglich.

Das System der drei Vektoren $\vec{u}$, $\vec{v}$ und $\vec{u} \times \vec{v}$ hat die gleiche Orientierung wie die Basisvektoren $\vec{e}_1$, $\vec{e}_2$ und $\vec{e}_3$ des kartesischen Koordinatensystems.

Beispiel 11.12

Für drei orthonormierte Vektoren $\vec{e}_1$, $\vec{e}_2$ und $\vec{e}_3$ ergibt sich

$$\vec{e}_1 \times \vec{e}_2 = \begin{pmatrix} 1 \\ 0 \\ 0 \end{pmatrix} \times \begin{pmatrix} 0 \\ 1 \\ 0 \end{pmatrix} = \begin{pmatrix} 0 \\ 0 \\ 1 \end{pmatrix} = \vec{e}_3 .$$

Wichtige Eigenschaften des Vektorprodukts für zwei vom Nullvektor verschiedene Vektoren $\vec{u}$ und $\vec{v}$ sind:

- Es gilt $\vec{u} \times \vec{v} = -\vec{v} \times \vec{u}$. Wir sagen, das Vektorprodukt sei *antikommutativ*.
- Sind die Vektoren nicht parallel, dann ist $\vec{u} \times \vec{v}$ ein Vektor, der senkrecht auf den beiden anderen steht.
- Sind die Vektoren parallel, dann gilt $\vec{u} \times \vec{v} = \vec{0}$.

[1]Dieses Symbol bezeichnet eigentlich einen Tensor (siehe weiter unten).

- Es gilt $|\vec{u} \times \vec{v}| = |\vec{u}|\,|\vec{v}| \sin\varphi$, wobei φ das Maß des Winkels zwischen den beiden Vektoren bezeichnet. Das ist der Inhalt der Fläche eines Parallelogramms $ABCD$, das von den Vektoren $\vec{u} = \overrightarrow{AB}$ und $\vec{v} = \overrightarrow{AD}$ aufgespannt wird.

Beispiel 11.13
Die Punkte $A\,(2;1;-1)$, $B\,(1;1;1)$ und $D\,(2;2;1)$ spannen ein Parallelogramm auf. Sein Flächeninhalt beträgt

$$\left|\overrightarrow{AB} \times \overrightarrow{AD}\right| = \left|\begin{pmatrix}-1\\0\\2\end{pmatrix} \times \begin{pmatrix}0\\1\\2\end{pmatrix}\right| = \left|\begin{pmatrix}-2\\2\\-1\end{pmatrix}\right| = \sqrt{4+4+1} = 3\,.$$

Wir wenden uns nun einem anderen Aspekt der Vektorrechnung zu, nämlich den Differenzialoperatoren der für Physiker und Ingenieure wichtigen Vektoranalysis. Die Terme der ersten partiellen Ableitung einer Funktion $f\,:\,\mathbb{R}^3 \to \mathbb{R}$ lassen sich in Form eines Spaltenvektors anordnen, den wir mit $\operatorname{grad} f$ bezeichnen und *Gradient der Funktion* f nennen. Es ist also

$$\operatorname{grad} f = \begin{pmatrix}\dfrac{\partial f}{\partial x_1}\\[2mm] \dfrac{\partial f}{\partial x_2}\\[2mm] \dfrac{\partial f}{\partial x_3}\end{pmatrix} = \sum_{i=1}^{3} \vec{e}_i \frac{\partial f}{\partial x_i}\,,$$

wobei die Symbole $\vec{e}_i$ $(i = 1,2,3)$ Basisvektoren eines kartesischen Koordinatensystems bezeichnen. Der *Gradient*[1] lässt sich in Bezug auf diese Basis als ein Vektor interpretieren, dessen Koordinaten Funktionsterme sind. Der Gradient zeigt in die Richtung der stärksten Änderung der betreffenden Funktion.

Beispiel 11.14
Für die Funktion mit dem Funktionsterm $f(x_1;x_2;x_3) = x_1^2 + x_2^3 + x_3^2$ ergibt sich

$$\operatorname{grad} f = \begin{pmatrix}2x_1\\2x_2\\2x_3\end{pmatrix}.$$

Da durch den Ausdruck $f(x_1;x_2;x_3) = r^2$ eine Kugeloberfläche mit dem Radius r um den Ursprung des Koordinatensystems als Mittelpunkt beschrieben wird, erfolgt in diesem Fall die stärkste Änderung in radialer Richtung.

---
[1] von lateinisch *gradiens* = Anstieg, Gefälle, Steigung

Wenn wir den formalen Vektor mit der Darstellung

$$\vec{\nabla} = \begin{pmatrix} \dfrac{\partial}{\partial x_1} \\ \dfrac{\partial}{\partial x_2} \\ \dfrac{\partial}{\partial x_3} \end{pmatrix} = \sum_{i=1}^{3} \vec{e}_i \frac{\partial}{\partial x_i} ,$$

Nabla-Operator[1] genannt, einführen, dann können wir den Gradienten auch durch $\operatorname{grad} f = \vec{\nabla} f$ ausdrücken.

Unter der *Divergenz* $\operatorname{div} \vec{u}$ eines dreidimensionalen Vektors $\vec{u}$, dessen Koordinaten Funktionsterme sind, verstehen wir das formale Skalarprodukt

$$\vec{\nabla} \cdot \vec{u} = \sum_{i=1}^{3} \frac{\partial u_i}{\partial x_i} .$$

Das Ergebnis ist ein Funktionsterm.

Beispiel 11.15
Für den Vektor $\vec{u}$ mit der Darstellung

$$\vec{u} = \begin{pmatrix} x_1 x_2 \\ x_2^2 \\ x_2 x_3 \end{pmatrix}$$

ist $\operatorname{div} \vec{u} = \vec{\nabla} \cdot \vec{u} = x_2 + 2x_2 + x_2 = 4x_2$.

Bei der Bildung des Skalarprodukts mit dem Nabla-Operator muss unbedingt beachtet werden, dass das Kommutativgesetz hier nicht gilt, d. h. es ist $\vec{\nabla} \cdot \vec{u} \neq \vec{u} \cdot \vec{\nabla}$. Der Grund dafür ist, dass das Zeichen $\vec{\nabla}$ nicht nur einen Vektor bezeichnet, sondern gleichzeitig auch einen Differenzialoperator.

Die Vertauschung von Vektor und Nabla-Operator bei der Bildung des Skalarprodukts ergibt statt der Divergenz $\vec{\nabla} \cdot \vec{u}$ den speziellen Differenzialoperator

$$\vec{u} \cdot \vec{\nabla} = \sum_{i=1}^{3} u_i \frac{\partial}{\partial x_i} .$$

Die Anwendung dieses Operators auf einen Funktionsterm heißt *Richtungsableitung*, weil sie die Änderung einer Funktion in Richtung eines vorgegebenen Vektors beschreibt. Das Ergebnis ist wieder ein Funktionsterm.

---

[1] Der Name Nabla-Operator wurde aus dem griechisch Wort $\nu\acute{\alpha}\beta\lambda\alpha$ (nabla) = Harfe abgeleitet, da die Form des Zeichens an ein harfenähnliches phönizisches Saiteninstrument erinnert.

Beispiel 11.16
Für den Funktionsterm $f(x_1; x_2; x_3) = x_1^2 + x_2^2 + x_3^2$ ergibt sich in Richtung des Vektors $\vec{u}$ mit der Darstellung

$$\vec{u} = \begin{pmatrix} a \\ b \\ c \end{pmatrix}$$

die Richtungsableitung

$$(\vec{u} \cdot \vec{\nabla}) f(x_1; x_2; x_3) = a\frac{\partial f}{\partial x_1} + b\frac{\partial f}{\partial x_2} + c\frac{\partial f}{\partial x_3} = 2(ax_1 + bx_2 + cx_3)\,.$$

Unter der *Rotation rot* $\vec{u}$ eines dreidimensionalen Vektors $\vec{u}$, dessen Koordinaten Funktionsterme sind, verstehen wir das Vektorprodukt

$$\vec{\nabla} \times \vec{u} = \sum_{i,j,k=1}^{3} \varepsilon_{ijk} \frac{\partial u_j}{\partial x_i} \vec{e}_k$$

mit der Darstellung

$$\vec{\nabla} \times \vec{u} = \begin{pmatrix} \dfrac{\partial u_3}{\partial x_2} - \dfrac{\partial u_2}{\partial x_3} \\ \dfrac{\partial u_1}{\partial x_3} - \dfrac{\partial u_3}{\partial x_1} \\ \dfrac{\partial u_2}{\partial x_1} - \dfrac{\partial u_1}{\partial x_2} \end{pmatrix}.$$

Das Ergebnis ist ein Vektor, dessen Koordinaten Funktionsterme sind. Auch in diesem Fall muss selbstverständlich wieder auf die Reihenfolge der Faktoren geachtet werden, denn $\vec{u} \times \vec{\nabla}$ ist kein Vektor, sondern wieder ein Differenzialoperator.

Beispiel 11.17
Für den Vektor mit der Darstellung

$$\vec{u} = \begin{pmatrix} x_1 x_2 \\ x_2^2 \\ x_2 x_3 \end{pmatrix} \qquad \text{ist} \qquad \operatorname{rot} \vec{u} = \vec{\nabla} \times \vec{u} = \begin{pmatrix} x_3 \\ 0 \\ -x_1 \end{pmatrix}.$$

Unter Verwendung der mittels des Nabla-Operators formulierten Operatoren lassen sich viele physikalischen Gesetze einfacher formulieren.

Beispiel 11.18
Die Maxwellschen Gleichungen[1] lauten

$$\vec{\nabla} \cdot \vec{E} = \rho\,,$$

[1]Benannt nach **James Clerk Maxwell**, geboren 1831-06-13 in Edinburgh, gestorben 1879-11-05 in Cambridge. Maxwell war ein schottischer Physiker.

$$\vec{\nabla} \times \vec{B} = \vec{j} + \frac{\partial}{\partial t}\vec{E},$$

$$\vec{\nabla} \cdot \vec{B} = 0,$$

$$\vec{\nabla} \times \vec{E} = -\frac{\partial}{\partial t}\vec{B}.$$

Unter dem *Laplace-Operator*[1] verstehen wir das Skalarprodukt des Nabla-Operators mit sich selbst, d. h. den Ausdruck[2]

$$\Delta = \vec{\nabla} \cdot \vec{\nabla} = \sum_{i=1}^{3} \frac{\partial^2}{\partial x_i^2}.$$

Wird der Laplace-Operator auf Funktionsterme angewendet, dann ist das Ergebnis wieder ein Funktionsterm. Er kann aber auch auf Vektoren angewendet werden. Dann gilt

$$\Delta\vec{u} = \vec{\nabla}(\vec{\nabla} \cdot \vec{u}) - \vec{\nabla} \times (\vec{\nabla} \times \vec{u})$$

und das Ergebnis ist wieder ein Vektor.

Beispiel 11.19
Für den Funktionsterm $f(x_1; x_2; x_3) = x_1^2 x_2^3 x_3$ ist $\vec{\nabla}^2 f = 2x_2^3 x_3 + 6x_1^2 x_2 x_3$.

Neben dem Laplace-Operator wird in der theoretischen Physik auch häufig der *D'Alembert-Operator*[3]

$$\Box = \Delta - \frac{1}{c^2}\frac{\partial^2}{\partial t^2}$$

verwendet, mit dessen Hilfe sich Wellengleichungen und andere zeitlich veränderliche Vorgänge besonders einfach und übersichtlich formulieren lassen.

Wir kommen nun zu den *Tensoren*.[4] Diese mathematischen Objekte sind in der Physik unentbehrlich, werden inzwischen aber auch häufig in den Ingenieurswissenschaften verwendet. Beispiele für Tensoren sind der Verzerrungstensor (Dehnungstensor) und der Spannungstensor der Elastizitätstheorie.

Tensoren können als eine Verallgemeinerung von Vektoren verstanden werden. Wir werden uns hier im Wesentlichen auf die für die Physik und Ingenieurwissenschaften wichtigen kartesischen Tensoren zweiter Stufe im dreidimensionalen Raum beschränken.

---

[1] Benannt nach **Pierre-Simon Laplace**, geboren 1749-03-23 in Beaumont-en-Auge, gestorben 1827-03-05 in Paris. Laplace war ein französischer Mathematiker, Physiker und Astronom.

[2] In Deutschland wird anstelle des Zeichens Δ auch oft der Ausdruck $\vec{\nabla}^2$ verwendet.

[3] Benannt nach **Jean-Baptiste le Rond**, genannt **D'Alembert**, geboren 1717-11-16 in Paris, gestorben 1783-10-29 in Paris. D'Alembert war ein französischer Mathematiker, Physiker und Philosoph.

[4] von lateinisch *tendere* = spannen

Diese Tensoren lassen sich durch quadratische Matrizen[1] darstellen. Wir haben ja bereits gesehen, dass Vektoren durch Spaltenmatrizen darstellbar sind.

An dieser Stelle sprechen wir gleich eine Warnung aus: Alle kartesischen Tensoren zweiter Stufe lassen sich durch quadratische Matrizen darstellen, aber es wäre ein Fehler daraus zu schließen, dass alle quadratische Matrizen Tensoren sind. Das ist keineswegs der Fall. Die Matrizen dienen nur der *Darstellung* der Tensoren.

Wir betrachten zunächst die Erzeugung eines kartesischen Tensors zweiter Stufe. Für zwei Vektoren $\vec{u}$ und $\vec{v}$ ist ihr *Tensorprodukt* definiert als

$$\vec{\vec{T}} = \vec{u} \otimes \vec{v}\,.$$

Wir nennen diesen Tensor auch *dyadisches Produkt*.[2] Seine Matrixdarstellung in einem dreidimensionalen Raum ist durch

$$\vec{u} \otimes \vec{v} = \begin{pmatrix} u_1v_1 & u_1v_2 & u_1v_3 \\ u_2v_1 & u_2v_2 & u_2v_3 \\ u_3v_1 & u_3v_2 & u_3v_3 \end{pmatrix}$$

gegeben.[3] Das dyadische Produkt ordnet also zwei Vektoren einen Tensor zu, der durch eine quadratische Matrix dargestellt werden kann.

Das Zeichen $\otimes$ kann nicht nur für die Verknüpfung von Vektoren benutzt werden. Es bezeichnet ganz allgemein einen Operator, der zwei Tensoren einen Tensor höherer Stufe zuordnet, die sich als Summe der Stufen der beiden Tensoren ergibt, die durch das Zeichen $\otimes$ verknüpft werden. Das Ergebnis der Verknüpfung heißt *Tensorprodukt*. In der Tensorrechnung werden Vektoren als Tensoren erster Stufe angesehen und daher das dyadische Produkt als ein Tensor zweiter Stufe. Skalare können aus formalen Gründen als Tensoren nullter Stufe angesehen werden.

Durch Verallgemeinerung des dyadischen Produkts können Tensoren beliebiger Stufe erzeugt werden. So ist z. B. $(\vec{u}\otimes\vec{v}\otimes\vec{w})$ ein Tensor dritter Stufe, erzeugt aus drei Vektoren. Ein Tensorprodukt von n Vektoren ergibt einen Tensor n-ter Stufe.

Zur Bezeichnung von Tensoren gibt es unterschiedliche Möglichkeiten. So wie wir Vektoren mit einem kursiv und nicht fett geschriebenen Buchstaben mit einem Pfeil darüber bezeichnen, so bezeichnen wir einen Tensor zweiter Stufe mit einem kursiv und nicht fett geschriebenen Buchstaben mit einem Doppelpfeil darüber. Auf diese Weise können aber nur Tensoren zweiter Stufe bezeichnet werden. Allgemeiner können wir Tensoren mit einem kursiv und nicht fett geschriebenen Buchstaben bezeichnen, der mit Indizes versehen ist, d. h. Vektoren (Tensoren erster Stufe) z. B. mit v_i, Tensoren

[1] Matrizen werden im Kapitel 10 behandelt.

[2] von griechisch δύας (dyas) = Zweiheit

[3] Manchmal wird das dyadische Produkt zweier Vektoren $\boldsymbol{u}$ und $\boldsymbol{v}$ auch in der Form $\boldsymbol{uv}$ geschrieben (siehe dazu DIN EN ISO 80000-2). Wir raten davon ab, weil die Gefahr einer Verwechslung mit dem Produkt zweier Vektoren in der geometrischen Algebra besteht, das eine andere Bedeutung hat.

zweiter Stufe z. B. mit T_{ij}, Tensoren dritter Stufe z. B. mit t_{ijk} usw. Skalare (Tensoren nullter Stufe), die wir ja z. B. mit s bezeichnen, haben konsequenterweise keinen Index. Schließlich wird auch häufig ein kursiv und fett geschriebener, serifenloser Buchstabe, wie z. B. $\boldsymbol{T}$ verwendet. Diese Bezeichnungsweise erlaubt aber keinen Rückschluss auf die Stufe des betreffenden Tensors. Diese muss dann explizit angegeben oder aus dem Kontext erschlossen werden.

In einem n-dimensionalen Raum können kartesische Tensoren der Stufe s durch ein geordnetes Schema aus n^s Zahlen dargestellt werden, d. h. Skalare durch genau eine Zahl, Vektoren durch eine Spalten- oder Zeilenmatrix mit n Zahlen, ein Tensor zweiter Stufe durch eine quadratische Matrix mit n^2 Zahlen usw. Ein Tensor dritter Stufe, wie z. B. der Levi-Civita-Tensor ε_{ijk}, könnte noch durch einen Kubus mit n^3 Zahlen dargestellt werden. Für Tensoren höherer Stufe versagt dann aber die Anschauung.

Wir hatten gerade festgestellt, dass Vektoren entweder durch eine Spaltenmatrix oder eine Zeilenmatrix dargestellt werden können. Um diese beiden Fälle zu unterscheiden, benutzen wir in der Indexschreibweise einen tiefgestellten bzw. hochgestellten Index, d. h. v_i bezeichnet einen Spaltenvektor und v^i einen Zeilenvektor. Diese Unterscheidung in der Darstellung ergibt natürlich nur dann einen Sinn, wenn es zwei unterschiedliche Arten von Vektoren gibt. Dies ist tatsächlich der Fall. In der Physik werden sogenannte *kovariante Vektoren*, dargestellt durch z. B. v_i, von *kontravarianten Vektoren*, dargestellt durch z. B. v^i, unterschieden, die sich durch ihr Transformationsverhalten bei einem Wechsel der Basis unterscheiden. Mathematisch betrachtet gehören diese beiden Arten von Vektoren nicht demselben Raum an. Wir sagen v_i *und* v^i *sind dual zueinander.*[1] Es gibt also drei unterschiedliche Matrixdarstellungen für einen Tensor zweiter Stufe, nämlich z. B. t^{ik} (kovariant), t_{ik} (kontravariant) und t_i^k (gemischt). Entsprechendes gilt für Tensoren höherer Stufe.

Wir haben oben Vektoren als Linearkombination von Basisvektoren dargestellt. Dazu analog können wir kartesische Tensoren zweiter Stufe mithilfe des dyadischen Produkts als Linearkombination von *Basistensoren* darstellen:

$$\vec{\vec{T}} = \sum_{i,j=1}^{n} t_{ij}\vec{\vec{g}}_{ij},$$

mit

$$\vec{\vec{g}}_{ij} = \vec{e}_i \otimes \vec{e}_j, \qquad i,j = 1,\dots,n,$$

wobei $\vec{\vec{g}}_{ij}$ die Basistensoren bezeichnet und t_{ij} die *Tensorkoordinaten*. Die Basistensoren lassen sich durch quadratische Matrizen darstellen, bei der das Element in der i-ten Zeile und j-ten Spalte gleich Eins ist, während alle anderen Elemente gleich null sind. Die insgesamt n^2 Basistensoren bilden eine *Tensorbasis*.

[1] siehe dazu das nächste Kapitel

Ein spezieller Tensor zweiter Stufe ist der *Einheitstensor* $\vec{\vec{I}}$, den wir erhalten, indem wir unter Verwendung des Kronecker-Symbols $t_{ij} = \delta_{ij}$ setzen, d. h. es ist

$$\vec{\vec{I}} = \sum_{i,j=1}^{n} \delta_{ij}\vec{\vec{g}}_{ij} = \sum_{i=1}^{n} \vec{\vec{g}}_{ii}\,.$$

Die Matrixdarstellung des Einheitstensors zweiter Stufe ist die *Einheitsmatrix.*

Tensoren gleicher Art und Stufe können, genauso wie Vektoren, addiert, subtrahiert und mit einem Skalar multipliziert werden. Für zwei kartesische Tensoren zweiter Stufe $\vec{\vec{T}}$ und $\vec{\vec{S}}$ in einem dreidimensionalen Raum erhalten wir

$$k(\vec{\vec{T}} \pm \vec{\vec{S}}) = k\left(\sum_{i,j=1}^{3} t_{ij}\vec{\vec{g}}_{ij} + \sum_{i,j=1}^{3} s_{ij}\vec{\vec{g}}_{ij}\right) = \sum_{i,j=1}^{3} k(t_{ij} + s_{ij})\vec{\vec{g}}_{ij}\,,$$

bzw. in der Matrixdarstellung

$$k(\vec{\vec{T}} \pm \vec{\vec{S}}) = \begin{pmatrix} k(t_{11} \pm s_{11}) & k(t_{12} \pm s_{12}) & k(t_{13} \pm s_{13}) \\ k(t_{21} \pm s_{21}) & k(t_{22} \pm s_{22}) & k(t_{23} \pm s_{23}) \\ k(t_{31} \pm s_{31}) & k(t_{32} \pm s_{32}) & k(t_{33} \pm s_{33}) \end{pmatrix},$$

wobei k einen Skalar bezeichnet. Es zeigt sich also, dass in der Matrixdarstellung die Rechenregeln mit denen für Matrizen übereinstimmen.

Alle Tensoren können als Summe eines symmetrischen und eines antisymmetrischen Tensors geschrieben werden:

$$\vec{\vec{T}} = \vec{\vec{T}}_{\mathrm{s}} + \vec{\vec{T}}_{\mathrm{a}}\,,$$

wobei $\vec{\vec{T}}_{\mathrm{s}}$ oder $\vec{\vec{T}}_{\mathrm{a}}$ auch gleich dem *Nulltensor* $\vec{\vec{0}}$ sein können. Für die Koordinaten eines symmetrischen kartesischen Tensors zweiter Stufe gilt $t_{ij} = t_{ji}$, während für die eines antisymmetrischen $t_{ij} = -t_{ji}$ gilt. Daraus folgt, dass für antisymmetrische kartesische Tensoren zweiter Stufe stets $t_{ii} = 0$ ist. Für die Matrixdarstellung eines symmetrischen kartesischen Tensors zweiter Stufe benötigen wir in einem dreidimensionalen Raum sechs Skalare, für die eines antisymmetrischen dagegen nur drei. Diese Tatsache führt dazu, dass ein antisymmetrischer Tensor oft fälschlicherweise als Vektor angesehen wird, der dann den Namen *Pseudovektor* oder *axialer Vektor* bekommt. Diese fragwürdige Praxis ist insbesondere in der Physik immer noch weit verbreitet.

Wir haben bereits festgestellt, dass wir den Betrag eines Vektors ändern können, indem wir ihn mit einem Skalar multiplizieren. Die Richtung des Vektors bleibt dabei unverändert. Wir haben auch gesehen, dass wir durch das Vektorprodukt einen Vektor erhalten, der senkrecht zu zwei gegebenen Vektoren ist. Eine Möglichkeit, Betrag und Richtung eines Vektors gleichzeitig zu ändern, haben wir noch nicht kennengelernt. Dies ist mithilfe eines Tensors zweiter Stufe möglich. Dazu betrachten wir das innere Produkt eines Tensors zweiter Stufe und eines Vektors

$$\vec{\vec{T}} \cdot \vec{v} = \sum_{i,j=1}^{n} t_{ij} v_j \vec{e}_i \,.$$

Das Ergebnis ist ein Vektor, dessen Betrag und Richtung im Allgemeinen gegenüber dem ursprünglichen Vektor verändert sind.

Die Matrixdarstellung des inneren Produkts eines kartesischen Tensors zweiter Stufe und eines Vektors ist im dreidimensionalen Raum

$$\vec{\vec{T}} \cdot \vec{v} = \begin{pmatrix} t_{11} & t_{12} & t_{13} \\ t_{21} & t_{22} & t_{23} \\ t_{31} & t_{32} & t_{33} \end{pmatrix} \begin{pmatrix} v_1 \\ v_2 \\ v_3 \end{pmatrix} = \begin{pmatrix} t_{11}v_1 + t_{12}v_2 + t_{13}v_3 \\ t_{21}v_1 + t_{22}v_2 + t_{23}v_3 \\ t_{31}v_1 + t_{32}v_2 + t_{33}v_3 \end{pmatrix} .$$

Das ist die bekannte Multiplikation einer quadratischen Matrix mit einem Spaltenvektor, die wieder einen Spaltenvektor ergibt.

Das *innere Produkt* von zwei kartesischen Tensoren zweiter Stufe ergibt wieder einen kartesischen Tensor zweiter Stufe:

$$\vec{\vec{T}} \cdot \vec{\vec{S}} = \sum_{i,j,k=1}^{n} t_{ij} s_{jk} \vec{\vec{g}}_{ik} \,.$$

Für die Matrixdarstellung des inneren Produkts zweier kartesischer Tensoren zweiter Stufe erhalten wir demnach eine quadratische Matrix, die sich nach den bekannten Regeln der Matrixmultiplikation als Produkt zweier quadratischer Matrizen ergibt.

Das Skalarprodukt zweier Vektoren haben wir bereits kennengelernt. Skalarprodukte gibt es aber nicht nur für Vektoren, sondern für alle Tensoren. Für zwei kartesischen Tensoren zweiter Stufe ist das Skalarprodukt definiert durch

$$\vec{\vec{T}} : \vec{\vec{S}} = \sum_{i,j=1}^{n} t_{ij} s_{ij} \,.$$

In der Matrixdarstellung der Tensoren zweiter Stufe erhalten wir dieses Skalarprodukt auch als Spur der Matrix, die sich als Darstellung des inneren Produkts zweier Tensoren zweiter Stufe ergibt, wenn einer der beiden Tensoren transponiert wird.

Zum Abschluss dieses Kapitels betrachten wir zwei spezielle dyadische Produkte, die unter Verwendung des Nabla-Operators gebildet werden.

In der Kontinuumsmechanik wird der *Deformationsgradient* zur Beschreibung der lokalen Verformung eines Körpers verwendet. Trotz seines Namens ist er kein Vektor, sondern ein Tensor zweiter Stufe, der durch

$$\boldsymbol{F} = \left(\vec{\nabla} \otimes \vec{u}\right)^{\mathrm{T}} = \sum_{i,j=1}^{3} \frac{\partial u_i}{\partial x_j} \vec{\vec{g}}_{ij}$$

definiert ist, wobei die Koordinaten des Vektors $\vec{u}$ Funktionsterme sind, d. h. $\vec{u}$ ist eine Vektorfunktion der Koordinaten eines bestimmten Punktes des Körpers und im Allgemeinen auch der Zeit. Der Deformationsgradient beschreibt, wie sich ein Linienelement an dem jeweils betrachteten Punkt durch die Deformation transformiert.

Beispiel 11.20
Für die Vektorfunktion

$$\vec{u} = \begin{pmatrix} x_1 + x_2 \tan\alpha \\ x_2 \\ 0 \end{pmatrix}$$

erhalten wir den Deformationsgradienten

$$\boldsymbol{F} = \begin{pmatrix} 1 & \tan\alpha & 0 \\ 0 & 1 & 0 \\ 0 & 0 & 0 \end{pmatrix} .$$

Durch diesen Deformationsgradienten wird die Scherung eines Würfels beschrieben, dessen Flächennormalen parallel zu den Achsen des Koordinatensystems sind, wobei α das Maß des Scherungswinkels bezeichnet.

Bilden wir das dyadische Produkt des Nabla-Operators mit sich selbst, dann erhalten wir für den n-dimensionalen Raum den Differenzialoperator

$$\vec{\nabla} \otimes \vec{\nabla} = \sum_{i,j=1}^{n} \vec{\vec{g}}_{ij} \frac{\partial^2}{\partial x_i \partial x_j} ,$$

der durch eine symmetrische Matrix darstellbar ist. Die Anwendung dieses Operators auf einen Funktionsterm f ergibt die symmetrische Matrix

$$\boldsymbol{H} = \sum_{i,j=1}^{n} \frac{\partial^2 f}{\partial x_i \partial x_j} \vec{\vec{g}}_{ij} ,$$

die *Hesse-Matrix*[1] genannt wird. Diese Matrix spielt eine Rolle bei der Entwicklung von Funktionen mehrerer Veränderlicher in eine *Taylor-Reihe*[2] oder bei der Berechnung von Extremwerten derartiger Funktionen.

Beispiel 11.21
Für den Funktionsterm $f(x_1,x_2) = x^2 - y^2$ ergibt sich die Hesse-Matrix

$$\boldsymbol{H} = \begin{pmatrix} 2 & 0 \\ 0 & -2 \end{pmatrix} .$$

[1]Benannt nach **Ludwig Otto Hesse**, geboren 1811-04-22 in Königsberg in Preußen, gestorben 1874-08-04 in München. Hesse war ein deutscher Mathematiker.

[2]**Brook Taylor**, geboren 1685-08-18 in Edmonton, Middlesex, gestorben 1731-12-29 in Somerset House, London. Taylor war ein britischer Mathematiker und Mitglied der Royal Society.

12 Koordinatensysteme

$(x_1; x_2)^\mathsf{T}$ $(x_1; x_2; x_3)^\mathsf{T}$ $(\rho\cos\varphi; \rho\sin\varphi)^\mathsf{T}$

$(\rho\cos\varphi; \rho\sin\varphi; z)^\mathsf{T}$

$(\rho\sin\vartheta\cos\varphi; \rho\sin\vartheta\sin\varphi; \rho\cos\vartheta)^\mathsf{T}$

Koordinaten dienen dazu, die Position eines beliebigen Punktes im Raum angeben zu können. Der Begriff *Koordinate* wurde 1692 durch Leibniz geprägt, aber es war Jahre zuvor René Descartes,[1] der 1637 die Grundlagen der *analytischen Geometrie* und damit auch die der Koordinatensysteme[2] im Anhang *La Géométrie* seines philosophischen Werkes *Discourse de la Méthode* geschaffen hat.

Die Methode von Descartes besteht darin, dass er senkrecht aufeinander stehende Geraden als Bezugslinien verwendet, um die Position eines Punktes der Ebene durch die senkrecht gemessenen Abstände von diesen Bezugsgeraden festzulegen. Die auf diese Weise bestimmten Zahlen nennen wir heute *kartesische Koordinaten.*

Descartes hatte sich noch auf die Ebene beschränkt. Die Verallgemeinerung auf den dreidimensionalen Raum erfolgte später im Wesentlichen durch die Arbeiten von van Schooten[3], Parent[4], Clairaut[5] und Euler.[6] Die moderne analytische Geometrie verwendet heute kartesische Koordinaten für Räume beliebiger Dimension.

[1] **René Descartes** (lat. Renatus Cartesius), geboren 1596-03-31 in La Haye en Touraine, gestorben 1650-02-11 in Stockholm, war ein französischer Philosoph, Mathematiker und Naturwissenschaftler.

[2] Das nach ihm benannte kartesische Koordinatensystem findet sich aber nicht in seinem Werk.

[3] **Frans van Schooten**, geboren 1615 (es ist nur das Jahr bekannt) in Leiden, Niederlande, gestorben 1660-05-29 in Leiden, war ein niederländischer Mathematiker.

[4] **Antoine Parent**, geboren 1666-09-16 in Paris, gestorben 1716-09-26 in Paris. Parent war ein französischer Mathematiker.

[5] **Alexis-Claude Clairaut**, geboren 1713-05-03 in Paris, gestorben 1765-05-17 in Paris, war ein französischer Mathematiker, Geodät und Physiker.

[6] **Leonhard Euler**, geboren 1707-04-15 in Basel, gestorben 1783-09-18 in Sankt Petersburg, war ein Schweizer Mathematiker und Physiker. Er gilt als einer der bedeutendsten Mathematiker.

Wir werden uns hier auf den dreidimensionalen euklidischen Raum beschränken, der zur Zeit von Descartes bereits bekannt war. Zur Vereinfachung unserer Betrachtungen werden wir aber auch von der Vektorrechnung Gebrauch machen, die Descartes noch nicht zur Verfügung stand, da sie noch nicht erfunden war. Selbstverständlich kann die analytische Geometrie auch ohne Vektoren praktiziert werden.

Mithilfe der Vektorrechnung lässt sich ein kartesisches Koordinatensystem ohne viel Mühe einführen. Wir hatten ja im vorhergehenden Kapitel bereits bemerkt, dass wir in einem dreidimensionalen Raum eine Basis wählen können, die aus genau drei linear unabhängigen Vektoren besteht, und dass wir diese Basis dazu verwenden können, jeden Vektor im Raum als Linearkombination der Basisvektoren darzustellen. Wählen wir nun einen festen Punkt, den wir *Ursprung des Koordinatensystems*[1] nennen und mit O bezeichnen, dann können wir die Position jedes Punktes P im Raum durch einen Vektor beschreiben, der von O nach P gerichtet ist und den wir *Ortsvektor*[2] des Punktes nennen. Dabei handelt es sich um einen gebundenen Vektor, denn sein Anfangspunkt ist stets der Koordinatenursprung. Bezeichnen wir die Basisvektoren mit $\vec{b}_i$ $(i = 1,2,3)$, dann können wir den Ortsvektor $\vec{P}$ des Punktes P durch die Linearkombination

$$\vec{P} = c_1\vec{b}_1 + c_2\vec{b}_2 + c_3\vec{b}_3 \tag{12.1}$$

darstellen. Die Koeffizienten c_i $(i = 1,2,3)$ nennen wir *Koordinaten* des betrachteten Punktes bezüglich der gewählten Basis.

Wir können die Gleichung (12.1) auch als eine lineare Funktion auffassen, die jedem Tripel $(c_1; c_2; c_3)$ der Koordinaten einen durch den Ortsvektor $\vec{P}$ gegebenen Punkt im Raum zuordnet. Halten wir nun jeweils zwei der Koordinaten konstant und lassen die dritte variieren, dann erhalten wir drei Scharen paralleler Geraden mit den durch die Basisvektoren festgelegten Richtungen, die wir *Koordinatenlinien* nennen. Eine Gerade jeder Schar geht durch den Ursprung des Koordinatensystems. Diese Gerade heißt *Achse des Koordinatensystems*. Wenn wir nur jeweils eine der Koordinaten konstant halten und die anderen beiden variieren lassen, dann erhalten wir drei Scharen paralleler Ebenen. Eine Ebene jeder Schar geht durch den Ursprung des Koordinatensystems. Diese Ebene wird *Koordinatenebene* genannt.

Sowohl die Koordinatenachsen, als auch die Koordinatenebenen sind im Allgemeinen nicht orthogonal und die Koordinatenachsen sind in der Regel auch keine Normalen der Koordinatenebenen. Wir sprechen dann von einem *affinen Koordinatensystem* und von *affinen Koordinaten*.

[1] Häufig wird auch nur kurz vom „Koordinatenursprung“ gesprochen. Diese logisch unsaubere Sprechweise sollte aber möglichst vermieden werden, denn die Koordinaten sind reelle (oder ggf. auch komplexe) Zahlen, die keinen „Ursprung“ haben. Es handelt sich hier vielmehr um den Ursprung aller Ortsvektoren.

[2] Der Ortsvektor wird auch oft, insbesondere in der Physik, *Radiusvektor* genannt und dann mit $\vec{r}$ bezeichnet, statt mit $\vec{P}$, wie wir es hier tun. Diese Benennung ist aber nur für Koordinatensysteme sinnvoll, bei denen der Abstand des betrachteten Punktes vom Ursprung des Koordinatensystems eine der Koordinaten ist. Für ein kartesisches Koordinatensystem ist es dagegen sinnlos, von einem Radiusvektor zu sprechen.

Der *Abstand* eines Punktes vom Ursprung des Koordinatensystems ist durch den Betrag seines Ortsvektors gegeben. Da Abstände messbare Größen sind, benötigen wir zu ihrer Berechnung eine Vorschrift (Funktion), in der Mathematik *Metrik* genannt. Wenn wir uns lediglich auf euklidische Räume beschränken, ist die Metrik durch den *Satz des Pythagoras* vorgegeben.

Für den Abstand in einem beliebigen affinen Koordinatensystem erhalten wir unter der Voraussetzung einer euklidischen Metrik

$$\left|\vec{P}\right|^2 = \sum_{i,j=1}^{3} c_i c_j g_{ij}\,, \qquad \text{mit} \qquad g_{ij} = \vec{b}_i \cdot \vec{b}_j = \left|\vec{b}_i\right| \left|\vec{b}_j\right| \cos\theta_{ij}\,,$$

wobei wir mit θ_{ij} das Maß des Winkels zwischen den Basisvektoren $\vec{b}_i$ und $\vec{b}_j$ bezeichnen und mit g_{ij} die Elemente einer dreidimensionalen quadratischen Matrix, die *Gramsche Matrix*[1] heißt und die Matrixdarstellung des *metrischen Tensors* ist.

Die Abstandsformel entspricht nicht ganz unserer Erwartung, denn statt des Satzes des Pythagoras erhalten wir die räumliche Version des Kosinussatzes. Dieses Ergebnis war natürlich zu erwarten, denn die Achsen unseres Koordinatensystems waren ja bisher nicht als orthogonal vorausgesetzt worden. Das können wir leicht ändern. Außerdem ist es auch vernünftig zu fordern, dass die Längen entlang der Koordinatenachsen mit der gleichen Einheit gemessen werden. Beide Bedingungen lassen sich erfüllen, wenn wir eine *orthonormierte Basis* verwenden. Wir erhalten dann für den Ortsvektor die Linearkombination

$$\vec{P} = x_1\vec{e}_1 + x_2\vec{e}_2 + x_3\vec{e}_3\,,$$

mit den orthonormierten Basisvektoren $\vec{e}_i$ $(i = 1{,}2{,}3)$. Für diesen speziellen Fall nennen wir die Koeffizienten x_i $(i = 1{,}2{,}3)$ nun *kartesische Koordinaten* des betrachteten Punktes und das Koordinatensystem *kartesisches Koordinatensystem* des Raumes.[2] Indem wir eine der drei Koordinaten (üblicherweise x_3) gleich null setzen, erhalten wir daraus ein kartesisches Koordinatensystem für die Ebene.

Zusammenfassend stellen wir fest, dass wir für ein kartesisches Koordinatensystem einen festen Punkt im Raum benötigen, nämlich den Ursprung des Koordinatensystems, sowie drei orthogonale Einheitsvektoren, die in die Richtungen der Achsen zeigen. Wir haben damit fast alle Bestandteile des Koordinatensystems beisammen. Um aber die Position eines Punktes im Raum *eindeutig* angeben zu können fehlt noch etwas, nämlich die *Orientierung des Koordinatensystems*. Es gibt genau zwei mögliche Orientierungen, von denen wir eine auswählen müssen.

---

[1] Benannt zu Ehren von Jørgen Pedersen Gram. **Jørgen Pedersen Gram**, geboren 1850-06-27 in Nustrup bei Haderslev, gestorben 1916-04-29 in Kopenhagen, war ein dänischer Mathematiker.

[2] Alternativ zu unserer Schreibweise werden die orthonormierten Basisvektoren auch mit $\vec{e}_x$, $\vec{e}_z$, $\vec{e}_z$ oder mit $\vec{i}$, $\vec{j}$, $\vec{k}$ bezeichnet und die kartesischen Koordinaten mit x, y, z, wobei jede Schreibweise der Basisvektoren mit jeder Schreibweise der Koordinaten kombiniert auftreten kann.

Wir wollen uns klarmachen, was unter der Orientierung eines Koordinatensystems zu verstehen ist. Dazu gehen wir von den alltäglichen Begriffen „vorn“, „hinten“, „links“, „rechts“, „oben“ und „unten“ aus, die als gegensätzliche Richtungspaare auftreten und intuitiv verständlich sind. Wir können nun jeweils einer der beiden entgegengesetzten Richtungen dieser Richtungspaare einen der drei Basisvektoren des Koordinatensystems zuordnen. Dafür gibt es insgesamt acht Möglichkeiten der Zuordnung. Welche wir davon wählen ist aber reine Konvention.

Beispiel 12.1
Bei einem Landfahrzeug ist der erste Basisvektor (Längsachse) nach vorn gerichtet, der zweite (Querachse) nach links und der dritte (Hochachse) nach oben.

Beispiel 12.2
Bei einem Flugzeug ist der erste Basisvektor (Längsachse) nach vorn gerichtet, der zweite (Querachse) nach rechts und der dritte (Hochachse) nach unten.

Die beiden Koordinatensysteme für das Landfahrzeug und das Flugzeug sind zwar verschieden, aber wenn der Pilot sein Flugzeug durch eine Drehung um die Längsachse in Rückenfluglage bringt, dann sind sie für einen Beobachter am Boden identisch. Der Pilot muss nun allerdings seine Steuerbewegungen an die neue Situation anpassen, um Kurs und Höhe halten zu können, denn links und rechts bzw. oben und unten sind jetzt für ihn bezogen auf den eigenen Körper vertauscht.

Wir können nun verabreden, dass wir alle Koordinatensysteme als äquivalent ansehen wollen, wenn sie durch eine Drehung ineinander überführt werden können. Es lässt sich dann leicht nachweisen, dass wir die oben erwähnten acht Zuordnungsmöglichkeiten in zwei Klassen einteilen können, sodass es in jeder Klasse vier Koordinatensysteme gibt, die wir gemäß unserer Verabredung als äquivalent ansehen. Diese beiden Klassen nennen wir *Orientierungen des Koordinatensystems.*

Für jede der beiden Orientierungen müssen wir nur *ein* Koordinatensystem vorgeben, denn alle anderen gleich orientierten gehen durch eine Drehung daraus hervor. Die jeweils andere Orientierung ergibt sich dann durch eine Spiegelung, d. h. wir müssen nur ein einziges Koordinatensystem tatsächlich festlegen. Es ist üblich, dafür das im Beispiel 12.1 definierte Koordinatensystem zu verwenden und es *positiv orientiert* zu nennen. Ein daraus durch Spiegelung an einer der durch zwei Basisvektoren aufgespannten Ebene hervorgehendes Koordinatensystem heißt dann *negativ orientiert.*[1]

Beispiel 12.3
Ein linker und ein rechter Handschuh können nicht durch eine Drehung ineinander überführt werden. Dies gelingt aber mit einer Spiegelung. Die beiden Handschuhe haben eine unterschiedliche Orientierung.

[1] Das positiv orientierte Koordinatensystem wird auch *Rechtssystem* oder *rechtshändiges Koordinatensystem* genannt und das negativ orientierte *Linkssystem* oder *linkshändiges Koordinatensystem.*

Um herauszufinden, ob ein positiv oder ein negativ orientiertes Koordinatensystem vorliegt, können wir aus den Spaltenvektoren der Basisvektoren des Koordinatensystems in der vorgegebenen Reihenfolge eine Matrix bilden und die Determinante dieser Matrix berechnen. Ergibt sich dabei ein positiver Wert, dann handelt es sich um ein positiv orientiertes Koordinatensystem, anderenfalls um ein negativ orientiertes.

Bei der Einführung der kartesischen Koordinaten hatten wir einfach die Forderung nach einer orthonormierten Basis aufgestellt. Dadurch ist uns aber entgangen, dass es einen linearen Zusammenhang zwischen kartesischen und affinen Koordinatensystemen gibt, den wir nun näher betrachten wollen.

Jeder Vektor des Raumes lässt sich durch eine Linearkombination beliebig gewählter Basisvektoren ausdrücken. Diese Aussage gilt selbstverständlich auch für Basisvektoren. Die affinen Basisvektoren müssen sich also als Linearkombination der orthonormierten Basisvektoren schreiben lassen, d. h. es gilt

$$\vec{b}_i = \sum_{j=1}^{3} a_{ij}\vec{e}_j\,, \qquad i = 1{,}2{,}3\,,$$

wobei wir die Koeffizienten a_{ij} als Elemente einer quadratischen Matrix $\boldsymbol{A}$ auffassen können. Die Transformation der Basisvektoren muss selbstverständlich stets umkehrbar sein, d. h. zu $\boldsymbol{A}$ muss eine Inverse existieren.

Die lineare Transformation der Basisvektoren kann auf die Koordinaten übertragen werden. Wenn wir vernünftigerweise fordern, dass der Abstand zweier Punkte im Raum nicht von der Wahl des Koordinatensystems abhängen darf, dann erhalten wir

$$c_i = \sum_{j=1}^{3} \tilde{a}_{ij}x_j\,, \qquad i = 1{,}2{,}3\,,$$

wobei die Koeffizienten $\tilde{a}_{ij}$ die Elemente von $\boldsymbol{A}^{-1}$ bezeichnen. Es zeigt sich also, dass die Transformation der Basisvektoren zu einer Transformation der ihnen zugeordneten Koordinaten mit der inversen Transformationsmatrix führt.

Das unterschiedliche Verhalten der Basisvektoren und der Koordinaten bei einer Transformation wird in der Physik durch die Adjektive *kovariant* und *kontravariant* ausgedrückt. Zu einer kovarianten Basis gehören stets kontravariante Koordinaten und umgekehrt, wodurch die mathematische Beschreibung der Naturgesetze unabhängig von der Wahl eines speziellen Koordinatensystems wird.

Wir müssen nun aber noch den Unterschied zwischen einem kovarianten und einem kontravarianten Vektor erklären. In engem Zusammenhang damit steht der Begriff der *dualen Basis*, die zunächst definiert werden soll. Wir werden uns dabei weiterhin auf den dreidimensionalen euklidischen Raum beschränken.

Wir hatten oben bereits eine *affine Basis* mit den Basisvektoren $\vec{b}_1, \vec{b}_2, \vec{b}_3$ eingeführt. Die dazu *dualen Basisvektoren* $\vec{b}_1^*, \vec{b}_2^*, \vec{b}_3^*$ werden durch die Eigenschaft

$$\vec{b}_i \cdot \vec{b}_j^* = \delta_{ij}, \qquad i,j = 1,2,3,$$

definiert, wobei δ_{ij} das Kronecker-Symbol[1] bezeichnet. Aufgrund der Eigenschaften des Vektorprodukts lässt sich leicht nachweisen, dass die Vektoren

$$\vec{b}_1^* = \frac{\vec{b}_2 \times \vec{b}_3}{\vec{b}_1 \cdot (\vec{b}_2 \times \vec{b}_3)}, \qquad \vec{b}_2^* = \frac{\vec{b}_3 \times \vec{b}_1}{\vec{b}_2 \cdot (\vec{b}_3 \times \vec{b}_1)}, \qquad \vec{b}_3^* = \frac{\vec{b}_1 \times \vec{b}_2}{\vec{b}_3 \cdot (\vec{b}_1 \times \vec{b}_2)}.$$

zu den Basisvektoren $\vec{b}_1, \vec{b}_2, \vec{b}_3$ dual sind. Jeder Basisvektor der dualen Basis ist also orthogonal zu zwei Basisvektoren der ursprünglichen Basis.

Wir haben gesehen, dass die Basisvektoren der ursprünglichen Basis parallel zu den Koordinatenachsen des affinen Koordinatensystems sind. Die Basisvektoren der dualen Basis stehen demnach senkrecht auf den Koordinatenflächen.

Ist die ursprüngliche Basis die orthonormierte Standardbasis $\vec{e}_1, \vec{e}_2, \vec{e}_3$, dann sehen wir, dass die duale Basis mit der ursprünglichen Basis übereinstimmt. Wir sagen, die Standardbasis sei *zu sich selbst dual.*

Wir können nun den Ortsvektor $\vec{P}$ eines beliebigen Punktes im Raum entweder als Linearkombination der affinen Basisvektoren darstellen, wie wir das bereits oben getan haben, oder auch als Linearkombination

$$\vec{P} = c_1^* \vec{b}_1^* + c_2^* \vec{b}_2^* + c_3^* \vec{b}_3^*$$

der dazu dualen Basisvektoren. Im ersten Fall nennen wir den Vektor *kovariant*, während wir ihn im zweiten Fall *kontravariant* nennen. Die Rechtfertigung dafür ist durch das Transformationsverhalten der dualen Basisvektoren gegeben. Stellen wir diese nämlich als Linearkombination

$$\vec{b}_j^* = \sum_{k=1}^{3} a_{kj}^* \vec{e}_k, \qquad j = 1,2,3,$$

der Standardbasisvektoren dar, dann ergibt sich unter Verwendung der Definition der dualen Basisvektoren und der oben angegebenen Darstellung der ursprünglichen affinen Basisvektoren als Linearkombination der Standardbasisvektoren, dass die Koeffizienten a_{kj}^* mit den Koeffizienten $\tilde{a}_{kj}$ identisch sind, die wir oben bereits zur Transformation der Koordinaten des Ortsvektors in der ursprünglichen affinen Basis verwendet haben. Die dualen Basisvektoren transformieren sich also genauso wie die Koordinaten der ursprünglichen affinen Basis, d. h. es sind kontravariante Vektoren.

[1] siehe dazu Kapitel 11

Bei der Transformation der Basisvektoren kann sich im Allgemeinen die Orientierung der Basis (und damit auch des Koordinatensystems) ändern. Das ist nur dann nicht der Fall, wenn die Determinante der Transformationsmatrix positiv ist. Wir sprechen dann von einer *orientierungserhaltenden Transformation*.

Beispiel 12.4
Drehungen sind immer orientierungserhaltend, selbst dann, wenn sie aus mehreren verschiedenen Drehungen zusammengesetzt sind.

Beispiel 12.5
Einzelne Spiegelungen sind nicht orientierungserhaltend. Transformationen, die aus einer geraden Anzahl von Spiegelungen zusammengesetzt wurden, sind dagegen stets orientierungserhaltend.

Beispiel 12.6
Die Inversion im Raum ist nicht orientierungserhaltend.

Koordinatensysteme werden grundsätzlich so gewählt, dass der Rechenaufwand so gering wie möglich wird. Das ist immer dann der Fall, wenn dabei die Symmetrie des zugrundeliegenden physikalischen Systems berücksichtigt wird. Translationsinvariante Probleme sollten z. B. mit affinen Koordinatensystemen behandelt werden, wobei die Basisvektoren parallel zu den Translationsrichtungen gewählt werden.

Wenn das dem zu behandelnden Problem zugrundeliegende physikalische System rotationssymmetrisch ist, werden anstelle von kartesischen Koordinaten in der Regel *Zylinderkoordinaten* bevorzugt. Die Koordinatenflächen des *Zylinderkoordinatensystems* sind eine Schar von Zylinderoberflächen mit einer gemeinsamen Achse, eine Schar von parallelen Ebenen senkrecht zur Achse des Zylinders, sowie eine Schar von Ebenen, deren gemeinsame Schnittgerade die Zylinderachse ist. Der Ursprung des Koordinatensystems liegt auf der Zylinderachse und wird *Pol* des Koordinatensystems genannt.

Die Ebene durch den Pol senkrecht zur Zylinderachse dient als Bezugsebene. Sie wird von der Schar der zu ihr senkrechten, die Achse enthaltenden Ebenen geschnitten, wodurch sich eine Schar von Geraden durch den Pol ergibt. Eine dieser Geraden wird als Bezugsgerade ausgewählt. Der Schnitt der Schar der Zylinderoberflächen mit der Bezugsebene ergibt eine in dieser Ebene liegende Schar von Kreisen.

Die Position eines in der Bezugsebene liegenden Punktes ist durch die Angabe seiner *Polarkoordinaten* ρ und φ festgelegt. Dabei bezeichnet ρ den Radius des Kreises, auf dem der Punkt liegt und φ den im mathematisch positiven Sinn gemessenen Winkel von der Bezugsgeraden zu der Geraden durch den Punkt und den Pol.

Um die Position eines Punktes im Raum anzugeben, projizieren wir ihn senkrecht auf die Bezugsebene und geben die Polarkoordinaten seines Bildes an, sowie seine Höhe über der Bezugsebene, die wir mit z bezeichnen. Die Höhe ist der Abstand des Punktes von der Bezugsebene, gemessen in Richtung ihres Normalenvektors. Die Richtung dieses Normalenvektors legt die Orientierung des Koordinatensystems fest.

Die Transformation zwischen den Zylinderkoordinaten ρ, φ, z und den kartesischen Koordinaten x_1, x_2, x_3 ist durch das Gleichungssystem

$$\begin{aligned} x_1 &= \rho\cos\varphi\,, \\ x_2 &= \rho\sin\varphi\,, &\qquad 0 \le \varphi < 2\pi\,, \\ x_3 &= z\,, \end{aligned}$$

gegeben. Wir können demzufolge den Ortsvektor eines Punktes im Raum durch den Spaltenvektor

$$\vec{P} = \begin{pmatrix} \rho\cos\varphi \\ \rho\sin\varphi \\ z \end{pmatrix}$$

darstellen. Die Ortsvektoren aller Punkte einer Koordinatenlinie erhalten wir, indem wir zwei der Zylinderkoordinaten konstant halten und die dritte variieren lassen.

Durch Differentiation des Ortsvektors $\vec{P}$ ergibt sich

$$\mathrm{d}\vec{P} = \vec{e}_\rho \mathrm{d}\rho + \rho\,\vec{e}_\varphi \mathrm{d}\varphi + \vec{e}_z \mathrm{d}z\,,$$

mit den Vektoren

$$\vec{e}_\rho = \begin{pmatrix} \cos\varphi \\ \sin\varphi \\ 0 \end{pmatrix}, \qquad \vec{e}_\varphi = \begin{pmatrix} -\sin\varphi \\ \cos\varphi \\ 0 \end{pmatrix}, \qquad \vec{e}_z = \begin{pmatrix} 0 \\ 0 \\ 1 \end{pmatrix}.$$

Diese drei Vektoren sind die Tangenteneinheitsvektoren an die drei Koordinatenlinien, die durch den Punkt gehen, dessen Ortsvektor $\vec{P}$ ist. Sie bilden eine orthonormale Basis, sodass wir die Linearkombination

$$\vec{P} = \rho\,\vec{e}_\rho + z\,\vec{e}_z$$

bilden können. Diese Darstellung des Ortsvektors zeigt die gewünschte Symmetrie, denn er ist in einen radialen und einen axialen Anteil zerlegt worden.

Die Basisvektoren $\vec{e}_\rho$ und $\vec{e}_\varphi$ sind Funktionen des Winkels φ, d. h. sie ändern ihre Richtung, wenn wir von einem Punkt zu einem benachbarten Punkt übergehen. Wir sagen deshalb, es handle sich nur um eine *lokale Basis*, im Gegensatz zur Standardbasis $\vec{e}_1$, $\vec{e}_2$, $\vec{e}_3$, die in jedem Punkt des Raums unverändert bleibt.

Die lokale Basis des Zylinderkoordinatensystems geht aus der Standardbasis durch eine Drehung um die Zylinderachse (x_3-Achse oder z-Achse) um den Winkel φ hervor. Für $\varphi = 0$ geht die Basis $\vec{e}_\rho$, $\vec{e}_\varphi$, $\vec{e}_z$ in die Standardbasis $\vec{e}_1$, $\vec{e}_2$, $\vec{e}_3$ über. Daraus folgt sofort, dass die Transformation zwischen den Zylinderkoordinaten und den kartesischen Koordinaten orientierungserhaltend ist. Dies deckt sich mit der Feststellung, dass eine reine Drehung stets orientierungserhaltend ist.

Das Zylinderkoordinatensystem wird *krummliniges Koordinatensystem* genannt, weil seine Koordinatenlinien keine Geraden sind, wie es bei einem kartesischen oder affinen Koordinatensystem der Fall ist.

Ein weiteres krummliniges Koordinatensystem ist das *Kugelkoordinatensystem*, für das in der Literatur auch die Benennung *räumliches Polarkoordinatensystem* vorkommt, weil es, ähnlich wie das Zylinderkoordinatensystem, als eine räumliche Erweiterung des ebenen Polarkoordinatensystems angesehen werden kann.

Das Kugelkoordinatensystem wird oft anstelle des kartesischen Koordinatensystems verwendet, wenn das zu behandelnde physikalische Problem kugelsymmetrisch ist. Die Koordinatenflächen des Kugelkoordinatensystems sind eine Schar von Kugeloberflächen mit gemeinsamem Mittelpunkt, der gleichzeitig als Ursprung des Koordinatensystems dient, eine Schar von Ebenen, deren gemeinsame Schnittgerade die sogenannte *Polachse* durch zwei antipodische[1] Punkte einer der Kugelflächen ist, die *Pole* genannt werden, sowie eine Schar von parallelen Ebenen senkrecht zur Polachse.

Die Ebene durch den Ursprung des Koordinatensystems senkrecht zur Polachse dient als Bezugsebene und wird *Äquatorialebene* genannt. Sie wird von der Schar der zu ihr senkrechten, die Achse enthaltenden Ebenen geschnitten, wodurch sich eine Schar von Geraden durch den Ursprung des Koordinatensystems ergibt. Eine dieser Geraden wird als Bezugsgerade ausgewählt. Der Schnitt der Äquatorialebene mit der Schar der Kugeloberflächen ergibt eine in dieser Ebene liegende Schar von Kreisen.

Die Position eines in der Bezugsebene liegenden Punktes ist durch die Angabe seiner *Polarkoordinaten* ρ und φ festgelegt. Dabei bezeichnet ρ den Radius des Kreises, auf dem der Punkt liegt und φ den im mathematisch positiven Sinn gemessenen Winkel von der Bezugsgerade zu der Gerade durch den Punkt und den Ursprung des Koordinatensystems, der hier als Pol eines ebenen Polarkoordinatensystems dient.

Um die Position eines Punktes im Raum anzugeben, projizieren wir ihn senkrecht auf die Äquatorialebene und geben die Polarkoordinaten seines Bildes an, sowie den von der Polachse gemessenen Winkel ϑ, den die Gerade durch den betrachteten Punkt im Raum mit der Polachse bildet.

Die Transformation zwischen den Kugelkoordinaten ρ, ϑ, φ und den kartesischen Koordinaten x_1, x_2, x_3 ist durch das Gleichungssystem[2]

$$\begin{aligned} x_1 &= \rho \sin\vartheta \cos\varphi\,, \\ x_2 &= \rho \sin\vartheta \sin\varphi\,, \qquad\qquad 0 \le \vartheta \le \pi\,, \quad 0 \le \varphi < 2\pi\,, \\ x_3 &= \rho \cos\vartheta\,, \end{aligned}$$

[1]von griechisch ἀντί = gegen und πούς = Fuß, d. h. *Gegenfüßer*

[2]Es gibt auch andere Kugelkoordinatensysteme, wie z. B. das geographische Koordinatensystem der Erde. Der Unterschied der verschiedenen Kugelkoordinatensysteme besteht in der Definition der Winkel. Der Winkel ϑ kann z. B. auch von der Äquatorialebene aus in Richtung der beiden Pole gemessen werden, wie das bei den Breitengraden des geographischen Koordinatensystems der Fall ist. Das geographischen Koordinatensystem ist allerdings kein Kugelkoordinatensystem, sondern ein daraus für einen konstanten Wert von ρ hervorgehendes krummliniges Koordinatensystem auf der Oberfläche des Erdellipsoids.

gegeben. Wir können demzufolge den Ortsvektor eines Punktes im Raum durch den Spaltenvektor

$$\vec{P} = \begin{pmatrix} \rho \sin\vartheta \cos\varphi \\ \rho \sin\vartheta \sin\varphi \\ \rho \cos\vartheta \end{pmatrix}$$

darstellen. Die Ortsvektoren aller Punkte einer Koordinatenlinie erhalten wir, indem wir zwei der Kugelkoordinaten konstant halten und die dritte variieren lassen.

Durch Differentiation des Ortsvektors $\vec{P}$ ergibt sich

$$\mathrm{d}\vec{P} = \vec{e}_\rho \mathrm{d}\rho + \rho \vec{e}_\vartheta \mathrm{d}\vartheta + \rho \sin\vartheta \, \vec{e}_\varphi \mathrm{d}\varphi \,,$$

mit

$$\vec{e}_\rho = \begin{pmatrix} \sin\vartheta \cos\varphi \\ \sin\vartheta \sin\varphi \\ \cos\vartheta \end{pmatrix}, \qquad \vec{e}_\vartheta = \begin{pmatrix} \cos\vartheta \cos\varphi \\ \cos\vartheta \sin\varphi \\ -\sin\vartheta \end{pmatrix}, \qquad \vec{e}_\varphi = \begin{pmatrix} -\sin\varphi \\ \cos\varphi \\ 0 \end{pmatrix}.$$

Diese drei Vektoren sind die Tangenteneinheitsvektoren an die drei Koordinatenlinien, die durch den Punkt gehen, dessen Ortsvektor $\vec{P}$ ist. Sie bilden eine orthonormale Basis. In diesem Fall erhalten wir statt einer Linearkombination nur

$$\vec{P} = \rho \, \vec{e}_\rho \,.$$

Diese Darstellung des Ortsvektors zeigt die gewünschte Kugelsymmetrie, denn es gibt nur einen radialen Anteil.

Die Basisvektoren $\vec{e}_\rho$ und $\vec{e}_\vartheta$ sind Funktionen der Winkel ϑ und φ, der Basisvektor $\vec{e}_\varphi$ eine Funktion des Winkels φ, d. h. alle drei Basisvektoren ändern ihre Richtung, wenn wir von einem Punkt im Raum zu einem benachbarten Punkt übergehen. Es handelt sich demnach wieder nur um eine *lokale Basis*.

Die lokale Basis des Kugelkoordinatensystems geht aus der Standardbasis durch eine Kombination von zwei Drehungen hervor (eine davon ist die Drehung um die Polachse). Für $\vartheta = 0$ und $\varphi = 0$ geht die Basis $\vec{e}_\rho$, $\vec{e}_\vartheta$, $\vec{e}_\varphi$ in die zyklisch permutierte Standardbasis $\vec{e}_3$, $\vec{e}_1$, $\vec{e}_2$ über. Da eine zyklische Permutation der Basisvektoren die Orientierung nicht ändert, ergibt sich, dass die Transformation zwischen den kartesischen Koordinaten und den Kugelkoordinaten orientierungserhaltend ist.

13 Elementare Geometrie

$\parallel \quad \perp \quad \sphericalangle \quad \cdot \quad \times$
$| \; | \quad \| \; \| \quad \rightarrow \quad \cong$

In der Geometrie[1] werden eine Reihe von Zeichen verwendet, um die geometrischen Objekte und ihre Beziehungen zueinander zu bezeichnen. Die verschiedenen Geometrien (d. h. die mathematischen Strukturen des Raumes) unterscheiden sich im Wesentlichen in der Gesamtheit dieser Beziehungen. Wir beschränken uns in diesem Kapitel auf die uns vertraute euklidische[2] Geometrie im dreidimensionalen Raum.

Aus historischen Gründen gibt es im dreidimensionalen Raum drei besondere Klassen elementarer geometrischer Objekte, die nicht definiert werden, nämlich *Punkte*, *Geraden* und *Ebenen*. Es wird vorausgesetzt, dass jeder intuitiv weiß, was unter diesen Begriffen zu verstehen ist. Ihre mathematisch präzise Definition ist nur implizit durch die Angabe der zwischen ihnen bestehen Beziehungen gegeben.

Durch jeweils zwei verschiedene Punkte A und B geht genau eine Gerade g. Wir beschreiben diese Beziehung durch den Ausdruck $g = AB$ und sprechen von der „Gerade g durch die Punkte A und B“.

Wenn zwei Geraden g und h zwei Punkte gemeinsam haben, dann haben sie alle ihre Punkte gemeinsam. Wir sagen dann „die Geraden sind gleich“ (oder identisch) und drücken diesen Sachverhalt durch $g = h$ aus.

Haben zwei Geraden g und h, die in derselben Ebene liegen, keinen Punkt gemeinsam, dann sagen wir, sie seien *parallel* und drücken diese Beziehung durch $g \parallel h$ aus. Um lästige Fallunterscheidungen in Beweisen zu vermeiden, ist es üblich, Geraden auch dann als parallel anzusehen, wenn sie identisch sind. Sind parallele Geraden verschieden, so sagen wir auch, sie seinen *echt parallel*.

---

[1]Der Begriff Geometrie (von altgriechisch *γεωμετρία* (geometria) = Erdmaß, Erdmessung, Landmessung) hat heute zwei unterschiedliche Bedeutungen. Zum einen bezeichnet er ein Teilgebiet der Mathematik, zum anderen aber auch eine bestimmte mathematische Struktur.

[2]Benannt nach **Euklid von Alexandria** (altgriechisch: Εὐκλείδης, latinisiert: *Euclides*), vermutlich geboren 323 v.u.Z. und gestorben 285 v.u.Z. in Alexandria in Ägypten. Euklid war ein griechischer Mathematiker.

Sind zwei Geraden g und h nicht parallel, liegen aber in einer gemeinsamen Ebene, so haben sie genau einen Punkt S gemeinsam. Wir sagen dann: „die Geraden schneiden sich“ und nennen S ihren *Schnittpunkt.*

Zwei nicht parallele Geraden, die nicht in einer Ebene liegen, nennen wir *windschief.* Windschiefe Geraden haben keinen Punkt gemeinsam.

Unter einer *Strecke* $\overline{AB}$ oder $[AB]$ verstehen wir die Menge aller Punkte der Geraden $g = AB$, die zwischen den Punkten A und B liegen, einschließlich ihrer Randpunkte. Die *Länge* dieser Strecke bezeichnen wir mit $d(A;B)$.

Unter einer *Halbgerade* oder einem *Strahl* $[AB$ verstehen wir denjenigen Teil einer Geraden, der bei A beginnt und sich über B hinaus ins Unendliche fortsetzt.

Zwei Halbgeraden $[ZA$ und $[ZB$ bilden den *Winkel* $\measuredangle AZB$. Dabei heißt Z der *Scheitel* oder *Scheitelpunkt* des Winkels, $[ZA$ und $[ZB$ heißen seine *Schenkel* und die Fläche zwischen den Schenkeln heißt *Winkelfeld.*

Ein Winkel ist entsprechend seiner Definition ein Teil der Ebene, in der er liegt, also eine geometrische Figur. Leider wird aber oft nicht zwischen einem Winkel und seinem Maß unterschieden. Wir lesen z. B. Sätze wie: „Die Summe der Winkel in einem Dreieck ist 180°.“ — die unsinnig sind, weil Winkel keine Zahlen sind und sich daher nicht summieren lassen. Wir können nur ihre Maße addieren.

Winkelmaße werden oft auf das Intervall $[0;\pi]$ bzw. $[0°;180°]$ eingeschränkt, obwohl Innenwinkel mit Maßen größer als π vorkommen können.

Beispiel 13.1

Ein (Flug-)Drachenviereck $ABCD$ hat Innenwinkel der Maße $\alpha = 45°$, $\beta = \delta = 30°$, $\gamma = 255°$, wobei α das Maß des Innenwinkels $\measuredangle BAD$ sei, β das von $\measuredangle CBA$, γ das von $\measuredangle DCB$ und δ das von $\measuredangle ADC$. Da dies ein nichtkonvexes Viereck ist, tritt ein Innenwinkel mit einem Maß größer als π auf.

Ein Winkel $\measuredangle AZB$ kann entweder orientiert sein oder nicht. Ist der Winkel nicht orientiert, so ist $\measuredangle AZB = \measuredangle BZA$, und sein Maß liegt im Intervall $[0;2\pi]$ bzw. $[0°;360°]$. Ist er orientiert, so ist $\measuredangle AZB \neq \measuredangle BZA$, und sein Maß liegt im Intervall $[-2\pi;2\pi]$ bzw. $[-360°;360°]$. Eine Orientierung können wir z. B. dadurch festlegen, dass wir sagen, der Winkel $\measuredangle AZB$ sei positiv orientiert (und habe damit ein positives Maß), wenn der Schenkel $[ZA$ durch eine Drehung um Z im Gegenuhrzeigersinn mit dem Schenkel $[ZB$ zur Deckung gebracht werden kann.

Zwei endliche geometrische Figuren F und G, z. B. zwei Dreiecke, heißen *kongruent*[1] (deckungsgleich), wenn sie durch eine *Bewegung* zur Deckung gebracht werden können. Bewegungen sind stetige Abfolgen von geometrische Operationen, die alle Winkel und Strecken einer geometrischen Figur unverändert lassen. Sind F und G kongruent, so schreiben wir dafür $F \cong G$.

---

[1] von lateinisch *congruere* = zusammentreffen, zusammenkommen

Beispiel 13.2
Ein Dreieck ABC ist kongruent zu einem Dreieck DEF, d. h. es gilt $ABC \cong DEF$, wenn $d(AB) = d(DE)$, $d(AC) = d(DF)$ und $\measuredangle BAC = \measuredangle EDF$ ist, d. h. wenn die Dreiecke in der Länge zweier Seiten und dem Maß des Winkels zwischen diesen Seiten übereinstimmen.

Beispiel 13.3
Alle Strecken gleicher Länge sind kongruent, ebenso alle Kreise und Kugeln mit dem gleichen Radius oder alle Würfel mit der gleichen Kantenlänge.

Wenn sich zwei Geraden g und h schneiden, dann entstehen insgesamt vier Winkel, die im Allgemeinen nicht kongruent sind. Sind sie es aber, so heißt jeder von ihnen *rechter Winkel*. Wir sagen in diesem Fall, die Geraden seien *senkrecht* zueinander und drücken diese Beziehung symbolisch durch $g \perp h$ aus. Anstelle von *senkrecht* wird auch oft der Ausdruck *orthogonal*[1] verwendet.

Um geometrische Berechnungen ausführen zu können, führen wir ein kartesisches Rechtskoordinatensystem[2] im Raum ein, dessen Achsen von 1 bis 3 nummeriert und mit einer Längeneinheit versehen sind. In diesem Koordinatensystem werden Punkte durch ihre *Koordinaten* p_1, p_2, p_3 festgelegt. Der Ausdruck $P(p_1; p_2; p_3)$ beschreibt einen *Punkt* P, der Vektor $\vec{P} = (p_1; p_2; p_3)^{\mathrm{T}}$ den zugehörigen *Ortsvektor*.

Unter einem *Spat*[3] (*Parallelflach*) verstehen wir einen Körper, der dadurch entsteht, dass wir ein von den zwei Vektoren $\vec{a}_1$ und $\vec{a}_2$ im Raum aufgespanntes Parallelogramm längs des Vektors $\vec{a}_3$verschieben. Der dadurch entstehende Spat wird also von drei Paaren kongruenter Parallelogramme begrenzt. Ein Quader ist ein Sonderfall eines Spats, in dem die von einem Eckpunkt ausgehenden Kanten jeweils einen rechten Winkel bilden, was beim Spat im Allgemeinen nicht der Fall ist. Das Volumen eines Spats ist der Betrag der mit den drei Vektoren gebildeten Determinante, die wir im dreidimensionalen Raum auch als Spatprodukt $\vec{a}_1 \cdot (\vec{a}_2 \times \vec{a}_3)$ der drei Vektoren schreiben können.

Beispiel 13.4
Ein Spat $ABCDEFGH$ mit den Punkten $A = (0; 0; 0)$, $B = (1; 0; 1)$, $D = (1; 2; 0)$ und $E = (0; 3; 1)$ wird durch die drei Vektoren $\vec{a}_1 = \overrightarrow{AB}$, $\vec{a}_2 = \overrightarrow{AD}$ und $\vec{a}_3 = \overrightarrow{AE}$ aufgespannt. Wir können diese Vektoren durch Spaltenvektoren darstellen, aus denen wir die Matrix $\boldsymbol{A}$ bilden. Für das Volumen des Spats erhalten wir also

$$V = |\det \boldsymbol{A}| = \vec{a}_1 \cdot (\vec{a}_2 \times \vec{a}_3) = \begin{pmatrix} 1 \\ 0 \\ 1 \end{pmatrix} \cdot \left[\begin{pmatrix} 1 \\ 2 \\ 0 \end{pmatrix} \times \begin{pmatrix} 0 \\ 3 \\ 1 \end{pmatrix} \right] = 5 \, .$$

[1] von griechisch ὀρθός (*orthos*) = richtig, recht und γωνία (*gonia*) = Ecke, Winkel

[2] Koordinatensysteme werden im vorhergehenden Kapitel behandelt.

[3] Der Begriff Spat stammt aus der Kristallographie. Die Kristalle des Kalkspats haben z. B. diese Form.

Wir haben oben den Begriff der Bewegung zur Erklärung der Kongruenz eingeführt. Aus mathematischer Sicht ist eine Bewegung eine lineare Abbildung, die alle Längen- und Winkelmaße unverändert lässt. Sie wird deshalb auch *Isometrie*[1] genannt. In der Geometrie ist dafür die Benennung *Kongruenzabbildung* gebräuchlicher. Drehungen, Spiegelungen und Verschiebungen sind Isometrien.

Neben den Kongruenzabbildungen gibt es Abbildungen, die nur die Winkelmaße unverändert lassen, sogenannte *Ähnlichkeitsabbildungen*, zu denen z. B. die zentrischen Streckungen gehören. Die Menge der Kongruenzabbildungen ist eine Teilmenge der Menge der Ähnlichkeitsabbildungen. Eine Ähnlichkeitsabbildung können wir mithilfe einer quadratischen Matrix[2] beschreiben.

Die Abbildung $\mathbb{R}^3 \to \mathbb{R}^3$ mit der Gleichung $\vec{y} = \boldsymbol{A}\vec{x}$ nennen wir *lineare Abbildung*, die mit der Gleichung $\vec{y} = \boldsymbol{A}\vec{x} + \vec{b}$ *affine Abbildung* oder *affin lineare Abbildung*. Einige dieser Abbildungen sind Kongruenz- bzw. Ähnlichkeitsabbildungen.

Beispiel 13.5
Die Abbildung mit der Gleichung

$$\vec{y} = \begin{pmatrix} 0 & -1 & 0 \\ 1 & 0 & 0 \\ 0 & 0 & 1 \end{pmatrix} \vec{x}$$

beschreibt eine Drehung um 90° um die x_3-Achse im Gegenuhrzeigersinn.

Beispiel 13.6
Die Abbildung mit der Gleichung

$$\vec{y} = \begin{pmatrix} 1 & 0 & 0 \\ 0 & 1 & 0 \\ 0 & 0 & -1 \end{pmatrix} \vec{x}$$

beschreibt eine Spiegelung an der x_1-x_2-Ebene des Koordinatensystems.

Beispiel 13.7
Die Abbildung mit der Gleichung

$$\vec{y} = \begin{pmatrix} 2 & 0 & 0 \\ 0 & 2 & 0 \\ 0 & 0 & 2 \end{pmatrix} \vec{x} = 2\boldsymbol{I}\vec{x}$$

beschreibt eine zentrische Streckung vom Ursprung aus mit dem Streckungsfaktor 2.

[1] von griechisch ἴσος (*isos*) = gleich und μέτρον (*metron*) = Maß

[2] von lateinisch *matrix* = Muttertier, Gebärmutter

Beispiel 13.8
Die Abbildung mit der Gleichung $\vec{y} = \boldsymbol{I}\vec{x} + \vec{b}$ beschreibt eine Verschiebung, deren Richtung und Länge durch den Vektor $\vec{b}$ festgelegt ist.

Die Abbildung mit der Gleichung $\vec{y} = \boldsymbol{A}^{-1}\vec{x}$ macht die Abbildung mit der Gleichung $\vec{x} = \boldsymbol{A}\vec{y}$ rückgängig, denn die erste Gleichung ergibt sich, wenn die zweite Gleichung von links mit der inversen Matrix $\boldsymbol{A}^{-1}$ multipliziert wird.

Die Gleichung $\vec{y} = \boldsymbol{AB}\,\vec{x}$ bedeutet, dass zunächst $\vec{z} = \boldsymbol{B}\,\vec{x}$ und anschließend $\vec{y} = \boldsymbol{A}\,\vec{z}$ berechnet werden, d. h. es gilt $\boldsymbol{A}(\boldsymbol{B}\,\vec{x}) = (\boldsymbol{AB})\,\vec{x}$. Auf diese Weise können wir komplexe Abbildungen aus einfacheren zusammensetzen.

Beispiel 13.9
Führen wir nacheinander zwei Drehungen um 90° um die x_3-Achse aus, dann ergibt sich insgesamt eine Drehung um 180°. Mit der Matrix aus dem Beispiel 13.5 erhalten wir

$$\begin{pmatrix} 0 & -1 & 0 \\ 1 & 0 & 0 \\ 0 & 0 & 1 \end{pmatrix} \begin{pmatrix} 0 & -1 & 0 \\ 1 & 0 & 0 \\ 0 & 0 & 1 \end{pmatrix} = \begin{pmatrix} -1 & 0 & 0 \\ 0 & -1 & 0 \\ 0 & 0 & 1 \end{pmatrix}.$$

Weiter erhalten wir für zwei Drehungen um 180°

$$\begin{pmatrix} -1 & 0 & 0 \\ 0 & -1 & 0 \\ 0 & 0 & 1 \end{pmatrix} \begin{pmatrix} -1 & 0 & 0 \\ 0 & -1 & 0 \\ 0 & 0 & 1 \end{pmatrix} = \begin{pmatrix} 1 & 0 & 0 \\ 0 & 1 & 0 \\ 0 & 0 & 1 \end{pmatrix}.$$

Das ist die Matrix der identischen Abbildung, wie es auch sein muss.

Statt Punkte, Geraden und Ebenen im Raum nur implizit durch ihre Beziehungen zueinander zu definieren, wie es seit Euklid für fast zwei Jahrtausende üblich war, können wir heute die Mengenlehre verwenden und den Raum als Punktmenge interpretieren. Dabei wird nur der Punkt als elementares geometrisches Objekt vorausgesetzt, das nicht definiert wird. Geraden und Ebenen werden dagegen als spezielle Teilmengen des Raums eingeführt. Diese Vorgehensweise erlaubt es uns, z. B. den Schnitt zweier Geraden g und h in eleganter Weise durch $\{S\} = g \cap h$ zu beschreiben, wobei die Schnittmenge genau einen Punkt enthält, nämlich den Schnittpunkt S.

Außer Geraden und Ebenen können wir selbstverständlich auch andere geometrische Objekte durch Punktmengen beschreiben. Im Folgenden schauen wir uns einige wichtige Punktmengen an. Wir betrachten zunächst die Punktmenge

$$\left\{ \vec{P} \;\middle|\; \vec{P} = t\vec{e}_1 = \begin{pmatrix} t \\ 0 \\ 0 \end{pmatrix} \wedge t \in \mathbb{R} \right\}.$$

Diese Punktmenge stellt die x_1-Achse dar, also eine Gerade. Jede andere Gerade geht daraus durch eine passend gewählte affine Abbildung hervor, die sich aus einer Drehung um den Ursprung des Koordinatensystems und einer Verschiebung zusammensetzt. Dabei entsteht eine Punktmenge der Form

$$g = \left\{\vec{P} \;\middle|\; \vec{P} = \vec{A} + t\vec{u} \wedge t \in \mathbb{R}\right\},$$

also eine *Gerade* durch den Punkt mit dem Ortsvektor $\vec{A}$ und dem Richtungsvektor $\vec{u}$.

Beispiel 13.10
Verwenden wir die affine Abbildung mit der Gleichung

$$\vec{y} = \begin{pmatrix} 0 & -1 & 0 \\ 1 & 0 & 0 \\ 0 & 0 & 1 \end{pmatrix} \vec{x} + \begin{pmatrix} 1 \\ 2 \\ 1 \end{pmatrix},$$

dann erhalten wir

$$\vec{P} = \begin{pmatrix} 0 & -1 & 0 \\ 1 & 0 & 0 \\ 0 & 0 & 1 \end{pmatrix} \begin{pmatrix} t \\ 0 \\ 0 \end{pmatrix} + \begin{pmatrix} 1 \\ 2 \\ 1 \end{pmatrix} = \begin{pmatrix} 0 \\ t \\ 0 \end{pmatrix} + \begin{pmatrix} 1 \\ 2 \\ 1 \end{pmatrix} = \begin{pmatrix} 1 \\ 2 \\ 1 \end{pmatrix} + t \begin{pmatrix} 0 \\ 1 \\ 0 \end{pmatrix}.$$

Jetzt ist es auch ein Leichtes, die Parallelität bzw. die Orthogonalität zweier Geraden festzustellen. Zwei Geraden

$$g = \left\{\vec{P} \;\middle|\; \vec{P} = \vec{A} + t\vec{u} \wedge t \in \mathbb{R}\right\} \quad \text{und} \quad h = \left\{\vec{P} \;\middle|\; \vec{P} = \vec{B} + s\vec{v} \wedge s \in \mathbb{R}\right\}$$

sind parallel, wenn $\vec{u} = k\vec{v}$ ist bzw. orthogonal, wenn $\vec{u} \cdot \vec{v} = 0$ ist.

Als Nächstes betrachten wir die Punktmenge

$$\left\{\vec{P} \;\middle|\; \vec{P} = t\vec{e}_1 + s\vec{e}_2 = \begin{pmatrix} t \\ s \\ 0 \end{pmatrix} \wedge t \in \mathbb{R} \wedge s \in \mathbb{R}\right\}.$$

Diese Punktmenge stellt die x_1-x_2-Ebene dar. Um alle anderen Ebenen zu erhalten, gehen wir wie bei den Geraden vor und erhalten eine Punktmenge der Form

$$E = \left\{\vec{P} \;\middle|\; \vec{P} = \vec{R} + t\vec{u} + s\vec{v} \wedge t \in \mathbb{R} \wedge s \in \mathbb{R}\right\},$$

also eine *Ebene* durch den Punkt mit dem Ortsvektor $\vec{R}$ und den beiden nicht parallelen Richtungsvektoren $\vec{u}$ und $\vec{v}$, für die also $\vec{u} \neq k\vec{v}$ gilt.

Beispiel 13.11
Verwenden wir die affine Abbildung mit der Gleichung

$$\vec{y} = \begin{pmatrix} 0 & 1 & 0 \\ 0 & 1 & 1 \\ 1 & 0 & 0 \end{pmatrix} \vec{x} + \begin{pmatrix} 1 \\ 2 \\ 1 \end{pmatrix},$$

so erhalten wir

$$\vec{P} = \begin{pmatrix} 0 & 1 & 0 \\ 0 & 1 & 1 \\ 1 & 0 & 0 \end{pmatrix} \begin{pmatrix} t \\ s \\ 0 \end{pmatrix} + \begin{pmatrix} 1 \\ 2 \\ 1 \end{pmatrix} = \begin{pmatrix} s \\ s \\ t \end{pmatrix} + \begin{pmatrix} 1 \\ 2 \\ 1 \end{pmatrix} = \begin{pmatrix} 1 \\ 2 \\ 1 \end{pmatrix} + t \begin{pmatrix} 0 \\ 0 \\ 1 \end{pmatrix} + s \begin{pmatrix} 1 \\ 1 \\ 0 \end{pmatrix}.$$

Um festzustellen, ob die Geraden

$$g = \left\{ \vec{P} \mid \vec{P} = \vec{A} + t\vec{u} \wedge t \in \mathbb{R} \right\} \quad \text{und} \quad h = \left\{ \vec{P} \mid \vec{P} = \vec{B} + s\vec{v} \wedge s \in \mathbb{R} \right\}$$

in einer Ebene liegen, berechnen wir die Determinante $\overrightarrow{AB} \cdot (\vec{u} \times \vec{v})$. Ist ihr Wert gleich null, so liegen die Geraden in einer Ebene.

Zu den Abbildungen gibt es auch Umkehrabbildungen, welche die Geraden bzw. Ebenen wieder in die x_1-Achse bzw. die x_1-x_2-Ebene rücktransformieren.

Eine weitere wichtige Punktmenge ist die Oberfläche der *Einheitskugel*, d. h. einer Kugel mit dem Ursprung des Koordinatensystems als Mittelpunkt und dem Radius 1. Sie wird durch die Punktmenge

$$\left\{ \vec{P} \mid |\vec{P}| = 1 \right\} = \left\{ \vec{P} \mid p_1^2 + p_2^2 + p_3^2 = 1 \right\}$$

beschrieben. Aus ihr erhalten wir die Oberfläche jeder anderen Kugel mithilfe einer zentrischen Streckung

$$\boldsymbol{A} = \begin{pmatrix} k & 0 & 0 \\ 0 & k & 0 \\ 0 & 0 & k \end{pmatrix} = k\boldsymbol{I}, \qquad k > 0,$$

mit dem Zentrum im Ursprung und einer anschließenden Verschiebung. Verwenden wir dagegen die Abbildungsmatrix

$$\boldsymbol{A} = \begin{pmatrix} k_1 & 0 & 0 \\ 0 & k_2 & 0 \\ 0 & 0 & k_3 \end{pmatrix}, \quad k_1 > 0, k_2 > 0, k_3 > 0,$$

so erhalten wir *Ellipsoide*.

Punktmengen, deren Punkte durch Ortsvektoren der Form

$$\vec{P}(t) = \begin{pmatrix} p_1(t) \\ p_2(t) \\ p_3(t) \end{pmatrix}, \quad t \in \mathbb{R},$$

definiert sind, stellen *Kurven im Raum* mit dem *Kurvenparameter t* dar. Die Koordinaten von $\vec{P}(t)$ sind Funktionsterme. Wir nennen $\vec{P}(t)$ *einparametrige Vektorfunktion*.

Beispiel 13.12
Die Punktmenge, deren Punkte durch die Ortsvektoren

$$\vec{P}(t) = \begin{pmatrix} \cos t \\ \sin t \\ t \end{pmatrix}, \quad t \in \mathbb{R},$$

gegeben sind, stellt eine Schraubenlinie mit der x_3-Richtung als Schraubenachse dar.

Punktmengen, deren Ortsvektoren $\vec{P}(s;t)$ von zwei reellen Parametern abhängen, sind Flächen. Wir nennen $\vec{P}(s;t)$ *zweiparametrige Vektorfunktion.*

Beispiel 13.13
Die durch die zweiparametrige Vektorfunktion

$$\vec{P}(s;t) = \begin{pmatrix} s \\ t \\ \sqrt{1-s^2-t^2} \end{pmatrix}, \qquad s \in [-1;1] \subset \mathbb{R}, \quad t \in [-1;1] \subset \mathbb{R},$$

gegebene Punktmenge stellt die Oberfläche einer Halbkugel mit dem Radius 1 dar.

Beispiel 13.14
Die durch die zweiparametrige Vektorfunktion

$$\vec{P}(s;t) = \begin{pmatrix} s \\ t \\ s^2+t^2 \end{pmatrix}, \qquad s \in \mathbb{R}, \quad t \in \mathbb{R},$$

gegebene Punktmenge stellt die Oberfläche eines Rotationsparaboloids dar.

14 Transformationen

$\mathcal{F}$ $\mathcal{L}$ $\mathfrak{Z}$ H δ $f * g$

Die in diesem Kapitel behandelten Transformationen werden unter der Benennung *Integraltransformationen* zusammengefasst. Ihr Hauptanwendungsgebiet sind neben der Mathematik auch die Physik und die Ingenieurswissenschaften.

Die Grundlagen für die *Fourier-Transformation* legte Jean Baptiste Joseph Fourier[1] im Jahre 1822 in seiner Monographie *Théorie analytique de la chaleur*. Er stellte dort die These auf, dass es für alle *periodischen Funktionen* eine Reihenentwicklung aus Sinus- und Kosinus-Funktionen in der Form[2]

$$f(x) = \frac{a_0}{2} + \sum_{n=1}^{\infty} \big(a_n \cos(nx) + b_n \sin(nx)\big), \qquad a_n, b_n \in \mathbb{R},$$

geben sollte, die wie heute *Fourier-Reihe* nennen. Für einige Funktionen waren derartige Reihenentwicklungen damals aufgrund der Arbeiten von Euler, Lagrange und Bernoulli bereits bekannt. Es wurde aber bezweifelt, dass dies für alle periodischen Funktionen gelten könnte. Für eine bestimmte Klasse von Funktionen wurde die Zulässigkeit einer derartigen Reihenentwicklung dann aber bereits im Jahre 1829 von Dirichlet[3] bewiesen. Ein allgemeingültiger Beweis wurde aber erst im 20. Jahrhundert erbracht.

Unter Verwendung der Eulerschen Formel $\mathrm{e}^{\mathrm{i}x} = \cos x + \mathrm{i} \sin x$ lässt sich eine Fourier-Reihe auch in der komplexen Form

$$f(x) = \sum_{n \in \mathbb{Z}} c_n \mathrm{e}^{\mathrm{i}nx}, \qquad c_n \in \mathbb{C},$$

[1] **Jean Baptiste Joseph Fourier**, geboren 1768-03-21 bei Auxerre, gestorben 1830-05-16 in Paris, war ein französischer Mathematiker und Physiker.

[2] Wir beschränken uns hier auf die Grundperiode 2π.

[3] **Johann Peter Gustav Lejeune Dirichlet**, geboren 1805-02-13 in Düren, gestorben 1859-05-15 in Göttingen, war ein deutscher Mathematiker.

schreiben, wobei $f(x)$ aber unverändert reell bleibt. Die *Fourier-Koeffizienten* werden nach der Gleichung

$$c_n = \frac{1}{2\pi} \int_{-\pi}^{\pi} f(x) \mathrm{e}^{-\mathrm{i}nx} \mathrm{d}x\,, \qquad n \in \mathbb{Z}\,,$$

berechnet. Diese Koeffizienten werden *Fourier-Spektrum* der Funktion f genannt. Es handelt sich dabei ersichtlich um ein *diskretes Spektrum.*

Die Verallgemeinerung der Fourier-Reihe auf nicht-periodische Funktionen führt zur *Fourier-Transformation*

$$(\mathcal{F} f)(x) = \frac{1}{\sqrt{2\pi}} \int_{-\infty}^{\infty} f(y)\, \mathrm{e}^{-\mathrm{i}xy} \mathrm{d}y\,, \qquad x \in \mathbb{R}\,,$$

mit der *Rücktransformation*

$$f(y) = \frac{1}{\sqrt{2\pi}} \int_{-\infty}^{\infty} (\mathcal{F} f)(x)\, \mathrm{e}^{\mathrm{i}xy} \mathrm{d}x\,, \qquad y \in \mathbb{R}\,.$$

Über die Wahl des Faktors vor dem Integral besteht in der Literatur leider keine Einigkeit. Einige Autoren schreiben keinen Faktor vor das Integral der Transformation und einen anderen Faktor vor das Integral der Rücktransformation. Die Wahl, die hier getroffen wurde, ist aus mathematischer Sicht vorzuziehen, weil nur dann garantiert ist, dass die Fourier-Transformation unitär ist.

Statt $(\mathcal{F} f)(x)$ wird, insbesondere in der Physik und der Signalverarbeitung, auch oft nur $\mathcal{F}(x)$ oder auch $F(\omega)$ geschrieben, wobei ω dann *Kreisfrequenz* genannt wird. Damit soll deutlich gemacht werden, dass F ein *kontinuierliches Spektrum* der Funktion f ist, das auch eine reale physikalische Bedeutung hat.

Beispiel 14.1
Die Fourier-Transformierte der gedämpften Schwingung

$$f(y) = \begin{cases} A\mathrm{e}^{-cy} \cos y & \text{für } y \geq 0 \\ 0 & \text{sonst} \end{cases}\,,$$

die bei $y = 0$ beginnt, ist

$$(\mathcal{F} f)(x) = \frac{A}{\sqrt{2\pi}} \int_{0}^{\infty} \mathrm{e}^{-(c+\mathrm{i}x)y} \cos y\, \mathrm{d}y = \frac{A}{\sqrt{2\pi}} \frac{c + \mathrm{i}x}{1 + |c + \mathrm{i}x|^2}\,.$$

Die *Laplace-Transformation* ist eine Erweiterung der Fourier-Transformation, um auch Funktionen behandeln zu können, für die kein Fourier-Integral existiert. Sie ist nach Pierre-Simon Laplace[1] benannt, der sie 1782 in seiner Publikation *Mémoire sur les approximations des formules qui sont fonctions de trés grands nombres* eingeführt hat, beruht aber auf Arbeiten von Leonhard Euler (worauf bereits Laplace selbst hingewiesen hat) über Differenzialgleichungen in den Jahren 1753 bis 1768.

Um die Konvergenz auch für Funktionen zu erreichen, für die das Fourier-Integral nicht existiert, wird das imaginäre Argument der Exponentialfunktion unter dem Integral durch ein komplexes Argument ersetzt. Damit ergibt sich die Laplace-Transformation

$$(\mathcal{L}\, f)(s) = \int_0^\infty \mathrm{e}^{-st} f(t)\,\mathrm{d}t\,, \qquad s \in \mathbb{C}\,,$$

mit der *Rücktransformation*

$$f(t) = \begin{cases} \dfrac{1}{2\pi\mathrm{i}} \displaystyle\int_{c-\mathrm{i}\infty}^{c+\mathrm{i}\infty} \mathrm{e}^{st} (\mathcal{L}\, f)(s)\mathrm{d}s & \text{für } t \geq 0 \\ 0 & \text{sonst} \end{cases},$$

wobei die reelle Zahl c ausreichend groß gewählt werden muss, um die Konvergenz des Integrals sicherzustellen. Statt $(\mathcal{L}\, f)(s)$ wird, insbesondere in der Physik und der Signalverarbeitung, auch oft nur $\mathcal{L}(s)$ oder $F(s)$ geschrieben.

Beispiel 14.2
Die Laplace-Transformation der Ableitung von f ergibt sich mithilfe der partiellen Integration zu

$$\left(\mathcal{L}\, \frac{\mathrm{d}f}{\mathrm{d}t}\right)(s) = \int_0^\infty \mathrm{e}^{-st} \frac{\mathrm{d}f}{\mathrm{d}t}\,\mathrm{d}t = -f(0) + s(\mathcal{L}\, f)(s)\,.$$

Beispiel 14.3
Die Laplace-Transformation von

$$f(t) = A\mathrm{e}^{-ct}$$

ergibt

$$(\mathcal{L}\, f)(s) = A \int_0^\infty \mathrm{e}^{-(s+c)t} f(t)\,\mathrm{d}t = \frac{A}{s+c}\,.$$

[1] **Pierre-Simon Laplace**, geboren 1749-03-28 in Beaumont-en-Auge in der Normandie, gestorben 1827-03-05 in Paris, war ein französischer Mathematiker, Physiker und Astronom.

Beispiel 14.4
Wir betrachten die lineare Differenzialgleichung erster Ordnung

$$\frac{\mathrm{d}f}{\mathrm{d}t} + cf = 0, \qquad f(0) = A.$$

Aus dieser Differenzialgleichung erhalten wir durch Laplace-Transformation unter Verwendung des Ergebnisses aus dem Beispiel 14.2 und der Anfangsbedingung

$$(\mathcal{L} f)(s) = \frac{A}{s + c}.$$

Das ist aber nach Beispiel 14.3 die Laplace-Transformierte der Funktion

$$f(t) = A\mathrm{e}^{-ct}.$$

Die Berechnung der Rücktransformation erübrigt sich also in diesem Fall.

Das Beispiel ist typisch für die Anwendung der Laplace-Transformation zur Lösung einer gewöhnlichen Differenzialgleichung. Die Differenzialgleichung wird dabei in eine algebraische Gleichung transformiert, die dann gelöst wird. Die anschließend notwendige Rücktransformation wird in der Praxis durch Verwendung von Korrespondenztabellen vermieden, in denen die wichtigsten in der Physik und den Ingenieurswissenschaften vorkommenden Funktionen enthalten sind.

Die *Z-Transformation* ist in den fünfziger Jahren des vorigen Jahrhunderts aus der Laplace-Transformation hervorgegangen, um Probleme der Signalverarbeitung einfacher behandeln zu können. Sie ist zur Lösung von Differenzengleichungen in ähnlicher Weise verwendbar wie die Laplace-Transformation zur Lösung von Differenzialgleichungen. Die Z-Transformation ist definiert durch

$$\mathfrak{Z}(a_n) = \sum_{n=0}^{\infty} a_n z^{-n}, \qquad z \in \mathbb{C}.$$

Dabei bezeichnet $\mathfrak{Z}$ *keine* Funktion, sondern einen Operator, der auf die Folge (a_n) wirkt. Neben der *einseitigen Z-Transformation* gibt es auch noch die *zweiseitige Z-Transformation*

$$\mathfrak{Z}(a_n) = \sum_{n=-\infty}^{\infty} a_n z^{-n}, \qquad z \in \mathbb{C}.$$

Die *inverse Z-Transformation* ist durch

$$a_n = \frac{1}{2\pi \mathrm{i}} \oint_C \mathfrak{Z}(a_n) z^{n-1} \mathrm{d}z$$

gegeben, wobei das Integral entlang eines geschlossenen Wegs C in der komplexen Ebene zu berechnen ist, der ein Gebiet umschließt, das den Ursprung enthält und ausreichend groß ist, um die Konvergenz des Integrals zu gewährleisten.

Beispiel 14.5
Die Z-Transformation von

$$y_n = \sum_{i=0}^{n} u_i$$

ist entsprechend ihrer Definition

$$\mathfrak{Z}(y_n) = \sum_{n=0}^{\infty} \sum_{i=0}^{n} u_i z^{-n} .$$

Wir können aber zeigen, dass

$$\sum_{n=0}^{\infty} \sum_{i=0}^{n} u_i z^{-n} = \sum_{n=0}^{\infty} u_n z^{-n} + \frac{1}{z} \sum_{n=0}^{\infty} \sum_{i=0}^{n} u_i z^{-n}$$

gilt. Damit erhalten wir

$$\mathfrak{Z}(y_n) = \frac{z}{z-1}\, \mathfrak{Z}(u_n) .$$

Beispiel 14.6
Wir betrachten die Differenzengleichung

$$y_n - y_{n-1} = u_n , \qquad y_{-1} = 0 .$$

Daraus erhalten wir durch Z-Transformation

$$-y_{-1} + \frac{z-1}{z} \sum_{n=0}^{\infty} y_n z^{-n} = \sum_{n=0}^{\infty} u_n z^{-n} ,$$

bzw. unter Verwendung der Anfangsbedingung

$$\mathfrak{Z}(y_n) = \frac{z}{z-1}\, \mathfrak{Z}(u_n) .$$

Unter Verwendung des Ergebnisses von Beispiel 14.6 ergibt sich folglich

$$y_n = \sum_{i=0}^{n} u_i .$$

Dieses Ergebnis lässt sich durch Einsetzen in die Differenzengleichung verifizieren.

Ähnlich wie bei der Laplace-Transformation wird in der praktischen Anwendung auch bei der Z-Transformation versucht, die Rücktransformation durch Verwendung von Korrespondenztabellen möglichst zu vermeiden. Das Ergebnis des Beispiels 14.5 ist in einer solchen Tabelle enthalten. Seine Verwendung zur Lösung der Aufgabe des Beispiels 14.6 ist also typisch für die Praxis.

Bei der Anwendung von Integraltransformationen treten zwei Funktionen besonders häufig in Erscheinung, nämlich die Heaviside-Funktion und die Diracsche Deltafunktion. Letztere ist streng genommen keine Funktion, sondern eine Distribution, aber als sie eingeführt wurde, gab es die Theorie der Distributionen noch nicht, denn diese wurde erst in den Jahren 1940 bis 1945 durch Laurent Schwartz[1] geschaffen.

Die *Heaviside-Funktion* wurde von Oliver Heaviside[2] eingeführt, um die Ausbreitung von Impulsen in Telegrafenleitungen zu untersuchen. Sie ist durch

$$\mathrm{H}(x) = \begin{cases} 1 & \text{für } x > 0 \\ c & \text{für } x = 0 \\ 0 & \text{für } x < 0 \end{cases}, \qquad x \in \mathbb{R}, \quad c \in [0;1],$$

definiert. Je nach Anwendungsbereich wird sie auch Theta-Funktion (Bezeichnung $\Theta(x)$), Treppen-, Schwellenwert- oder Stufenfunktion (Bezeichnung $U(x)$), sowie Sprung- oder Einheitssprungfunktion (Bezeichnung $\varepsilon(x)$) genannt.

Der Wert c ist nicht einheitlich festgelegt. Am häufigsten werden in der Literatur die Werte $c = 0$ und $c = 1$ angegeben. Wird die Heaviside-Funktion zur Definition der *Signum-Funktion* durch die Beziehung

$$\operatorname{sgn}(x) = 2\,\mathrm{H}(x) - 1$$

verwendet, dann muss $c = 1/2$ gesetzt werden.

Beispiel 14.7
In der Wahrscheinlichkeitstheorie wird häufig die sogenannte Rechteckverteilung verwendet. Diese lässt sich mithilfe der Heaviside-Funktion durch die Gleichung

$$\operatorname{rect}_{[a,b]}(x) = \frac{\mathrm{H}(b-x)\,\mathrm{H}(x-a)}{b-a}, \qquad a < b,$$

definieren.

Um Probleme mit der Unstetigkeit der Heaviside-Funktion bei $x = 0$ während der Rechnung zu vermeiden, wird manchmal die Approximation

$$\mathrm{H}(x) = \lim_{\varepsilon \to \infty} \left(\arctan\left(\frac{x}{\varepsilon}\right) + \frac{\pi}{2} \right)$$

verwendet, aber erst am Ende der Rechnung der Grenzübergang durchgeführt.

[1]**Laurent Schwartz**, geboren 1915-03-05 in Paris, gestorben 2002-07-04 auch in Paris, war ein französischer Mathematiker und Fields-Medaillen-Träger.

[2]**Oliver Heaviside**, geboren 1850-05-18 in London, gestorben 1925-02-03 in Homefield bei Torquay, war ein britischer Mathematiker und Physiker, der wesentliche Beiträge zur Vektorrechnung und zur Entwicklung der Theorie des Elektromagnetismus lieferte.

Die *Diracsche δ-Funktion* (*Diracsche δ-Distribution*) wurde 1930 durch Paul Adrien Maurice Dirac[1] in seinem Buch *The Principles of Quantum Mechanics* eingeführt. Da sie keine Funktion ist, wird sie üblicherweise implizit durch die Beziehung

$$\varphi(x) = \int_{-\infty}^{\infty} \varphi(t)\delta(t-x)\mathrm{d}t$$

definiert. Andere Benennungen für die Dirac-Funktion sind *Stoßfunktion*, *Impulsfunktion* oder *Einheitsimpulsfunktion*.

Beispiel 14.8
In der Signalverarbeitung wird eine Folge von Nadelimpulsen durch

$$\Delta(x) = \sum_{n=-\infty}^{\infty} \delta(x - nT)$$

dargestellt. Diese Folge wird *Dirac-Kamm* mit der Periode T genannt.

Die Dirac-Funktion kann auf der Grundlage der Theorie der Distributionen als eine Ableitung der Heaviside-Funktion interpretiert werden, indem formal

$$\delta(x) = \frac{\mathrm{d}}{\mathrm{d}x}\,\mathrm{H}(x)$$

geschrieben wird. Hierbei handelt es sich aber *nicht* um eine Ableitung im Sinne der Analysis, denn die Heaviside-Funktion ist nicht differenzierbar.

Um Probleme bei der Verwendung der Dirac-Funktion während der Rechnung zu vermeiden, wird häufig die Approximation

$$\delta(x) = \lim_{\varepsilon\to\infty} \frac{1}{\sqrt{2\pi\varepsilon}} \exp\left(-\frac{x^2}{2\varepsilon}\right)$$

benutzt und der Grenzübergang dann am Ende der Rechnung durchgeführt. Auch andere Approximationen sind je nach Anwendungsfall üblich.

In der Theorie der Integraltransformationen spielen sogenannte *Faltungsintegrale* eine wichtige Rolle. Die *Faltung* der Funktionen f und g ist durch das Integral

$$(f * \mathrm{g})(x) = \int_{-\infty}^{\infty} f(y)\mathrm{g}(x-y)\mathrm{d}y$$

definiert, wobei $*$ einen Operator bezeichnet, der zwei Funktionen eine dritte zuordnet.

---

[1] **Paul Adrien Maurice Dirac**, geboren 1902-08-08 in Bristol, gestorben 1984-10-20 in Tallahassee, war ein britischer Physiker, Nobelpreisträger und Mitbegründer der Quantenphysik.

Beispiel 14.9
Die Faltung einer Funktion f mit dem Dirac-Kamm aus Beispiel 14.8 ergibt

$$(f * \Delta) = \sum_{n=-\infty}^{\infty} \int_{-\infty}^{\infty} f(y)\delta(x - y - nT)\mathrm{d}y = \sum_{n=-\infty}^{\infty} f(x - nT) .$$

Das ist eine Folge von Funktionen gleicher Form, die im Abstand T aufeinander folgen. Auf ähnliche Weise werden in der Signalverarbeitung Impulsfolgen mit einer vorgegebenen Periode und beliebiger Impulsform modelliert.

Für periodische Funktionen f und g mit derselben Periode T kann die Faltung auch durch die Beziehung

$$(f * g)(x) = \frac{1}{T} \int_T f(y)g(x - y)\mathrm{d}y , \qquad T > 0 ,$$

definiert sein, wobei das Integral über ein beliebiges Intervall der Länge T zu berechnen ist. Das Ergebnis ist wieder eine periodische Funktion mit derselben Periode.

15 Spezielle Funktionen

$\gamma \quad \Gamma \quad \zeta \quad \mathrm{B} \quad \mathrm{Ei} \quad \mathrm{erf} \quad \mathrm{erfc} \quad \Phi$

Spezielle Funktionen sind überwiegend aus der Notwendigkeit entstanden, Lösungen für spezielle Probleme der Mathematik und der Physik zu lösen oder zu beschreiben, wurden aber auch bei der Untersuchung der Eigenschaften solcher Funktionen gefunden. Sie sind heute ein wichtiger Bestandteil der Analysis und der mathematischen Physik, sowie vieler anderer Anwendungsbereiche, wie z. B. der Wahrscheinlichkeitstheorie, der analytischen Zahlentheorie oder der Computeralgebra.

Spezielle Funktionen lassen sich nicht mithilfe der vier Grundrechenarten aus den elementaren Funktionen allein darstellen und sind oft *holomorphe*[1] oder *meromorphe*[2] komplexwertige Funktionen oder Fortsetzungen[3] solcher Funktionen, die durch Integrale dargestellt und in Reihen entwickelt werden können. Einige von ihnen sind transzendente Funktionen, die dann *höhere transzendente Funktionen* genannt werden.

Eine der umfassendsten Zusammenstellungen der Speziellen Funktionen ist das 1964 erschienene Nachschlagewerk *Handbook of Mathematical Functions with Formulas, Graphs, and Mathematical Tables*. Es wurde von Milton Abramowitz und Irene Stegun erarbeitet und wird heute vom NIST (*National Institute of Standards and Technology*, damals NBS, *National Bureau of Standards*), dem nationalen Metrologieinstitut der USA, herausgegeben und ist frei von Urheberrechten, da es von Regierungsangestellten in ihrer offiziellen Funktion erstellt wurde.

[1]Eine komplexwertige Funktion wird holomorph (von griechisch ὅλος = *ganz* und μορφή = *Form*) genannt, wenn sie in jedem Punkt ihres Definitionsbereichs komplex differenzierbar ist. In der älteren Literatur werden diese Funktionen *regulär* genannt.

[2]Eine meromorphe (von griechisch μέρος = *Teil* und μορφή = *Form*) Funktion ist eine Verallgemeinerung der holomorphen Funktion, die nicht überall komplex differenzierbar sein muss, sondern auch isolierte Polstellen besitzen kann. Die Tangens- und die Kotangens-Funktion sind z. B. meromorph.

[3]Unter der Fortsetzung einer Funktion wird in der Mathematik eine weitere Funktion verstanden, die auf einer Teilmenge ihres Definitionsbereichs mit der gegebenen Funktion übereinstimmt.

Im Hinblick auf das sehr ausführliche und im Internet frei verfügbare *Handbook of Mathematical Functions* können wir uns in diesem Kapitel auf eine kurze Übersicht über die am häufigsten verwendeten speziellen Funktionen beschränken.

Die transzendente *meromorphe Fortsetzung* der für komplexe Werte z definierten Funktion mit der Gleichung

$$\Gamma(z) = \int_0^\infty t^{z-1} \mathrm{e}^{-t} \mathrm{d}t\,, \qquad \mathrm{Re}(z) > 0\,,$$

mit *Polen* für $\{z \in \mathbb{Z} \mid z \leq 0\}$, wird *Gammafunktion* oder *Eulersches Integral zweiter Gattung* genannt. Für natürliche Zahlen n ist $\Gamma(n+1) = n!$. Dieser Zusammenhang war im Jahre 1729 die Motivation für Leonhard Euler zur Einführung der Gammafunktion. Sein Ziel war es, die Fakultätsfunktion auf reelle und komplexe Argumente zu erweitern. Er definierte damals die Gammafunktion durch ein unendliches Produkt. Heute wird die Gammafunktion fast ausschließlich über ihre Integraldarstellung eingeführt, die ebenfalls bereits auf Euler zurückgeht.

Die Funktion mit der Gleichung

$$\mathrm{B}(z; w) = \int_0^1 t^{z-1} (1-t)^{w-1} \mathrm{d}t\,, \qquad \mathrm{Re}(z) > 0,\ \mathrm{Re}(w) > 0\,,$$

heißt *Eulersche Betafunktion* oder *Eulersches Integral erster Gattung*. Sie geht auch auf Euler zurück. Eine alternative Integraldarstellung dieser Funktion ist

$$\mathrm{B}(z; w) = \int_0^\infty \frac{t^{z-1}}{(1+t)^{z+w}} \mathrm{d}t\,, \qquad \mathrm{Re}(z) > 0,\ \mathrm{Re}(w) > 0\,.$$

Ihr Zusammenhang mit der Gammafunktion ist durch die Gleichung

$$\mathrm{B}(z; w) = \frac{\Gamma(z) \cdot \Gamma(w)}{\Gamma(z+w)}$$

gegeben. Für natürliche Zahlen $n \geq k$ ergibt sich daher

$$\binom{n}{k} = \frac{1}{(n+1)\,\mathrm{B}(k+1; n-k+1)}\,.$$

Im Jahre 1940 bewies Theodor Schneider,[1] dass die Betafunktion für alle rationalen, nicht ganzzahligen Argumente transzendent ist.

[1] **Theodor Schneider**, geboren 1911-05-07 in Frankfurt/Main, gestorben 1988-10-31 in Freiburg im Breisgau, war ein deutscher Mathematiker.

Die Funktion mit der Gleichung

$$\zeta(z) = \sum_{n=1}^{+\infty} \frac{1}{n^z}, \quad \operatorname{Re}(z) > 1,$$

heißt ζ-Funktion oder *Riemannsche Zetafunktion.*[1] Für sie gilt z. B.

$$\zeta(2) = \frac{\pi^2}{6} \qquad \text{und} \qquad \zeta(4) = \frac{\pi^4}{90}.$$

Die *Riemannsche Zetafunktion* ist in der analytischen Zahlentheorie von Bedeutung, denn sie stellt eine Beziehung zwischen der komplexen Analysis und der Zahlentheorie her. Sie ist auch aufgrund des Zusammenhangs der Lage ihrer komplexen Nullstellen mit der Verteilung der Primzahlen von Interesse. Über die Lage dieser Nullstellen hat Bernhard Riemann im Jahre 1859 in seiner berühmten Arbeit *Über die Anzahl der Primzahlen unter einer gegebenen Größe* eine Aussage formuliert, die wir heute *Riemannsche Vermutung* nennen und die noch eines der ungelösten Probleme der Mathematik ist.

Unter der *Integralexponentialfunktion* verstehen wir die für reelle Zahlen definierte Funktion mit der Gleichung

$$\operatorname{Ei}(x) = \int_{-\infty}^{x} \frac{\mathrm{e}^t}{t} \mathrm{d}t, \qquad x \neq 0.$$

Für $x > 0$ ist damit der Cauchysche Hauptwert gemeint. Die Integralexponentialfunktion hat die Reihendarstellung

$$\operatorname{Ei}(x) = \gamma + \ln|x| + \sum_{n=1}^{\infty} \frac{x^n}{n \cdot n!}, \qquad x \neq 0.$$

Die Konstante

$$\gamma = \lim_{n \to +\infty} \left(\sum_{k=1}^{n} \frac{1}{k} - \ln(n) \right) = 0{,}577\,215\,66\ldots$$

heißt *Euler-Mascheroni-Konstante.*[2] Eine gute Näherung für diese Konstante ist

$$\gamma \approx \left(\frac{7}{83} \right)^{2/9} = 0{,}577\,215\,20\ldots .$$

[1]Benannt nach **Georg Friedrich Bernhard Riemann**, geboren 1826-09-17 in Jameln, gestorben 1866-07-20 in Verbania, Italien. Riemann war ein deutscher Mathematiker.

[2]Die Euler-Mascheroni-Konstante wird manchmal auch mit C bezeichnet. Diese Bezeichnung wurde 1735 von Euler in seiner Publikation *De progressionibus harmonicus observationes* verwendet, während Mascheroni 1790 in seinem Werk *Adnotationes ad calculum integralem Euleri* die Bezeichnung γ benutzte.

Die reellwertige Funktion mit der Gleichung

$$\Phi(x) = \frac{1}{\sqrt{2\pi}} \int_{-\infty}^{x} \mathrm{e}^{-t^2/2} \mathrm{d}t\,, \qquad x \in \mathbb{R}\,,$$

heißt *Gaußsche Verteilungsfunktion*. Sie wird in der Wahrscheinlichkeitstheorie und in der Theorie der partiellen Differenzialgleichungen häufig verwendet. Der Graph ihrer Ableitungsfunktion ist die sogenannte *Gaußsche Glockenkurve*.

Die Gaußsche Verteilungsfunktion in ihrer heutigen Form findet sich zum ersten Mal in dem im Jahre 1809 von Carl Friedrich Gauß publizierten astronomischen Werk *Theoria motus corporum coelestium in sectionibus conicis solem ambientium*. Die Grundlage für diese Funktion wurde aber bereits im Jahre 1733 durch Abraham de Moivre[1] in seiner Schrift *The Doctrine of Chances* bei seiner Abschätzung des Binomialkoeffizienten im Zusammenhang mit dem Grenzwertsatz für Binomialverteilungen gelegt. Die für die Normierung der Normalverteilungsdichte notwendige Berechnung des nicht elementar auswertbaren Integrals wurde im Jahre 1782 durch Pierre-Simon Laplace im ersten Teil seiner Publikation *Mémoire sur les approximations des formules qui sont fonctions de trés grands nombres* angegeben.

Mit der Gaußschen Verteilungsfunktion verwandt ist die spezielle Funktion

$$\operatorname{erf}(x) = \frac{2}{\sqrt{\pi}} \int_{0}^{x} \mathrm{e}^{-t^2} \mathrm{d}t\,, \qquad x \in \mathbb{R}\,,$$

die *Fehlerfunktion* genannt wird. Die Funktion $\operatorname{erfc}(x) = 1 - \operatorname{erf}(x)$ heißt *komplementäre Fehlerfunktion*. Beide Funktionen werden heute in der Statistik häufiger verwendet als die Gaußsche Verteilungsfunktion.

[1] **Abraham de Moivre**, geboren 1667-05-26 in Vitry-le-François, gestorben 1754-11-27 in London, war ein französischer Mathematiker. Er floh 1688 aus religiösen Gründen nach England.

Anhänge

A Mathematische Zeichen

In der folgenden Tabelle sind die international genormten mathematischen Zeichen, ihre Benennung, die ihnen zugeordnete Nummer in der Norm DIN EN ISO 80000-2 sowie ihr Unicode (hexadezimal) aufgelistet.

Tabelle A.1 Mathematische Zeichen

Zeichen	Benennung	ISO-Nr.	Unicode
∧	UND	2-4.1	2227
∨	ODER	2-4.2	2228
¬	NICHT	2-4.3	00AC
⇒	WENN DANN	2-4.4	21D2
⇔	GENAU DANN WENN	2-4.5	21D4
∀	ALLQUANTOR	2-4.6	2200
∃	EXISTENZQUANTOR	2-4.7	2203
∈	ELEMENT VON	2-5.1	2208
∉	NICHT ELEMENT VON	2-5.2	2209
∣	TEILT	2-5.4	2223
∤	TEILT NICHT		2224
∅	LEERE MENGE	2-5.6	2205
|	SENKRECHTER STRICH	2-7.17	007C
⊆	TEILMENGE	2-5.7	2286
⊂	(ECHTE) TEILMENGE	2-5. 8	2282
∪	VEREINIGT (bei zwei Mengen)	2-5.9	222A
∩	GESCHNITTEN (bei zwei Mengen)	2-5.10	2229
⋃	VEREINIGT (bei mehr als zwei Mengen)	2-5.11	22C3
⋂	GESCHNITTEN (bei mehr als zwei Mengen)	2-5.12	22C2

Tabelle A.1 Mathematische Zeichen (Fortsetzung)

Zeichen	Benennung	ISO-Nr.	Unicode
$\setminus$	OHNE	2-5.13	29F5
$\complement$	KOMPLEMENT	2-5.13	2201
$\times$	KREUZ	2-5.16	00D7
$\prod$	PRODUKT	2-5.17, 2-9.8	220F
$\mathbb{N}$	DOPPELSTRICH N	2-6.1	2115
$\mathbb{Z}$	DOPPELSTRICH Z	2-6.2	2124
$\mathbb{Q}$	DOPPELSTRICH Q	2-6.3	211A
$\mathbb{R}$	DOPPELSTRICH R	2-6.4	211D
$\mathbb{C}$	DOPPELSTRICH C	2-6.5	2102
$\mathbb{P}$	DOPPELSTRICH P	2-6.6	2119
$=$	GLEICH	2-7.1	003D
$\neq$	UNGLEICH	2-7.2	2260
$:=$	DEFINITIONSGEMÄSS GLEICH	2-7.3	2254
$\stackrel{\text{def}}{=}$	DEFINITIONSGEMÄSS GLEICH	2-7.3	225D
$\triangleq$	ENTSPRICHT	2-7.4	2259
$\approx$	UNGEFÄHR GLEICH	2-7.5	2248
$\simeq$	ASYMPTOTISCH GLEICH	2-7.6	2243
$\sim$	PROPORTIONAL	2-7.7	223C
$\propto$	PROPORTIONAL	2-7.7	221D
$\cong$	KONGRUENT	2-7.8	2245
$<$	KLEINER	2-7.9	003C
$>$	GRÖSSER	2-7.10	003E
$\leq$	KLEINER GLEICH	2-7.11	2264
$\geq$	GRÖSSER GLEICH	2-7.12	2265
$\ll$	VIEL KLEINER	2-7.13	226A
$\gg$	VIEL GRÖSSER	2-7.14	226B
∞	UNENDLICH	2-7.15	221E
$\rightarrow$	GEHT GEGEN, BILDET AB	2-7.16, 2-11.5	2292
$\equiv$	IDENTISCH, KONGRUENT MODULO	2-7.18	2261

Tabelle A.1 Mathematische Zeichen (Fortsetzung)

Zeichen	Benennung	ISO-Nr.	Unicode
$\parallel$	PARALLEL	2-8.1	2225
$\perp$	ORTHOGONAL	2-8.2	22A5
$\measuredangle$	WINKEL	2-8.3	2221
$+$	PLUS	2-9.1	002B
$-$	MINUS	2-9.2	2212
$\pm$	PLUSMINUS	2-9.3	00B1
$\mp$	MINUSPLUS	2-9.4	2213
$\cdot$	MAL	2-9.5	22C5
$/$	GETEILT DURCH	2-9.6	002F
$\sum$	SUMME	2-9.7	2211
$\sqrt{}$	WURZEL	2-9.10	221A
$\lfloor$	ABRUNDUNGSKLAMMER (links)	2-9.17	230A
$\rfloor$	ABRUNDUNGSKLAMMER (rechts)	2-9.17	230B
$\lceil$	AUFRUNDUNGSKLAMMER (links)	2-9.18	2308
$\rceil$	AUFRUNDUNGSKLAMMER (rechts)	2-9.18	2309
$\mapsto$	WIRD ABGEBILDET AUF	2-11.9	21A6
$\circ$	VERKETTET MIT	2-11.11	2218
Δ	DELTA	2-11.17	2206
$'$	STRICH	2-11.18	2032
$\int$	INTEGRAL	2-11.24	222B

B Mathematische Symbole

Die folgende Tabelle enthält die international genormten mathematischen Symbole, ihre Bezeichnung und die ihnen zugeordnete Nummer in der Norm DIN EN ISO 80000-2.

Tabelle B.1 Mathematische Symbole

Symbol	Bezeichnung	ISO-Nr.
$\{a_1; a_2; ... ; a_n\}$	Menge mit den Elementen $a_1; a_2; ... ; a_n$	2-5.3
$(a_1; a_2; ... ; a_n)$	geordnetes n-Tupel der Elemente $a_1; a_2; ... ; a_n$	2-5.15
id_A	Diagonale von A, Identitätsrelation auf A	2-5.18
$[a; b]$	abgeschlossenes Intervall von a bis b	2-6.7
$(a; b]$, $]a; b]$	linksoffenes, rechtsabgeschlossenes Intervall von a bis b	2-6.8
$[a; b)$, $[a; b[$	linksabgeschlossenes, rechtsoffenes Intervall von a bis b	2-6.9
$(a; b)$, $]a; b[$	offenes Intervall von a bis b	2-6.10
$(-\infty; b]$, $]-\infty; b]$	rechtsabgeschlossenes Intervall von $-\infty$ bis b	2-6.11
$(-\infty; b)$, $]-\infty; b[$	rechtsoffenes Intervall von $-\infty$ bis b	2-6.12

Tabelle B.1 Mathematische Symbole (Fortsetzung)

Symbol	Bezeichnung	ISO-Nr.
$[a;+\infty)$, $[a;+\infty[$	linksabgeschlossenes Intervall von a bis $+\infty$	2-6.13
$(a;+\infty)$, $]a;+\infty[$	linksoffenes Intervall von a bis $+\infty$	2-6.14
$m \mid n$	m teilt n	2-6.17
$n \equiv k \bmod m$	n ist kongruent k modulo m	2-6.18
$n!$	n Fakultät	2-10.1
a^p	a hoch p	2-9.9
$\sqrt[n]{a}$	n-te Wurzel aus a	2-9.11
$\operatorname{sgn}(a)$	Signum von a	2-9.13
$\|a\|$	Betrag von a	2-9.16
$\lfloor a \rfloor$	floor a	2-9.17
$\lceil a \rceil$	ceil a	2-9.18
$\operatorname{int}(a)$	ganzzahliger Anteil von a	2-9.19
$\operatorname{frac}(a)$	gebrochener Anteil von a	2-9.20
$\max(a;b)$	Maximum von a und b	2-9.21
$\min(a;b)$	Minimum von a und b	2-9.22
$\inf(A)$	Infimum von A	2-9.14
$\sup(A)$	Supremum von A	2-9.15

Tabelle B.1 Mathematische Symbole (Fortsetzung)

Symbol	Bezeichnung	ISO-Nr.
$n^{\underline{k}}$, $[n]_k$	fallende Faktorielle	2-10.2
$n^{\overline{k}}$, $(n)_k$	steigende Faktorielle	2-10.3
$\binom{n}{k}$	Binomialkoeffizient	2-10.4
C_n^k	Zahl der Kombinationen ohne Wiederholungen	2-10.6
${}^R C_n^k$	Zahl der Kombinationen mit Wiederholungen	2-10.7
V_n^k	Zahl der Variationen ohne Wiederholungen	2-10.8
${}^R V_n^k$	Zahl der Variationen mit Wiederholungen	2-10.9
$f : D \to W$	f bildet D in W ab	2-11.5
$f : x \mapsto T(x)$	Funktion, die jedes x auf $T(x)$ abbildet	2-11.9
$f : x \mapsto y$	f bildet x auf y ab	2-11.12
f^{-1}	Umkehrfunktion von f	2-11.10
$\lim\limits_{x \to a} f(x)$	Limes von $f(x)$ für $x \to a$	2-11.14
f'	Ableitungsfunktion von f	2-11.18
$\dfrac{\mathrm{d}f(x)}{\mathrm{d}x}$	Ableitung von f nach x	2-11.18
$\dfrac{\mathrm{d}^n f(x)}{\mathrm{d}x^n}$	n-te Ableitung von f nach x	2-11.20
$\int f(x)\mathrm{d}x$	unbestimmtes Integral über $f(x)\mathrm{d}x$	2-11.24

Tabelle B.1 Mathematische Symbole (Fortsetzung)

Symbol	Bezeichnung	ISO-Nr.
$\int_a^b f(x)\mathrm{d}x$	bestimmtes Integral von a bis b über $f(x)\mathrm{d}x$	2-11.25
$\overline{AB}$	Strecke von A nach B	2-8,4
$d(A;B)$	Abstand der Punkte A und B	2-8.6
$\overrightarrow{AB}$	Vektor von A nach B	2-8.5
$\vec{u}$	Vektor $\vec{u}$	2-17.1
u_1, u_2, u_3	Kartesische Koordinaten des Vektors $\vec{u}$	2-17.8
$\vec{e}_1, \vec{e}_2, \vec{e}_3$	Einheitsvektoren in Richtung der Achsen eines kartesischen Koordinatensystems	2-17.7
$\vec{0}$	Nullvektor	2-17.5
$\vec{u} + \vec{v}$	Summe der Vektoren $\vec{u}$ und $\vec{v}$	2-17.2
$k\vec{u}$	Produkt der Zahl k und des Vektors $\vec{u}$	2-17.3
$\vec{e}_{\vec{u}}$	Einheitsvektor in Richtung des Vektors $\vec{u}$	2-17.6
$\vec{u} \cdot \vec{v}$	Skalarprodukt der Vektoren $\vec{u}$ und $\vec{v}$	2-17.11
$\vec{u} \times \vec{v}$	Vektorprodukt der Vektoren $\vec{u}$ und $\vec{v}$	2-17.12
$\boldsymbol{A} = \begin{pmatrix} a_{11} & a_{12} & a_{13} \\ a_{21} & a_{22} & a_{23} \\ a_{31} & a_{32} & a_{33} \end{pmatrix}$	3 mal 3 Matrix $\boldsymbol{A}$	2-15.1
$\boldsymbol{A} + \boldsymbol{B}$	Summe der Matrizen $\boldsymbol{A}$ und $\boldsymbol{B}$	2-15.2
$k\boldsymbol{A}$	Produkt der Zahl k und der Matrix $\boldsymbol{A}$	2-15.3

Tabelle B.1 Mathematische Symbole (Fortsetzung)

Symbol	Bezeichnung	ISO-Nr.
$\boldsymbol{AB}$	Produkt der Matrizen $\boldsymbol{A}$ und $\boldsymbol{B}$	2-15.4
$\boldsymbol{I}$	Einheitsmatrix	2-15.5
$\boldsymbol{A}^{-1}$	Inverse der Matrix $\boldsymbol{A}$	2-15.6
$\det \boldsymbol{A} = \begin{vmatrix} a_{11} & a_{12} & a_{13} \\ a_{21} & a_{22} & a_{23} \\ a_{31} & a_{32} & a_{33} \end{vmatrix}$	Determinante der 3 mal 3 Matrix $\boldsymbol{A}$	2-5.10
i	imaginäre Einheit	2-14.1
$\mathrm{Re}(z)$	Realteil von z	2-14.2
$\mathrm{Im}(z)$	Imaginärteil von z	2-14.3
$\|z\|$	Betrag von z	2-14.4
$\arg(z)$	Argument von z	2-14.5
$\overline{z}$	konjugiert komplexer Wert von z	2-14.6
$\mathrm{sgn}(z)$	Signum von z	2-14.7
$\frac{\partial f}{\partial x}$	partielle Ableitung von f nach x	2-11.21
$\vec{\nabla}$	Nabla-Operator	2-17.13
$\vec{\nabla} f$	Gradient von f	2-17.14
$\vec{\nabla} \cdot \vec{u}$	Divergenz von $\vec{u}$	2-17.15
$\vec{\nabla} \times \vec{u}$	Rotation von $\vec{u}$	2-17.16
$\vec{\nabla}^2$	Laplace-Operator	2-17.17

Tabelle B.1 Mathematische Symbole (Fortsetzung)

Symbol	Bezeichnung	ISO-Nr.
$\square$	D'Alembert-Operator	2-17.18
$\fint_a^b f(x)\mathrm{d}x$	Cauchyscher Hauptwert des Integrals über $f(x)\mathrm{d}x$ mit einer Singularität $c \in]a;b[$	2-11.26
$\fint_{-\infty}^{+\infty} f(x)\mathrm{d}x$	Cauchyscher Hauptwert des Integrals über $f(x)\mathrm{d}x$	2-11.27
γ	Euler-Mascheroni Konstante	2-19.1
$\Gamma(z)$	Gammafunktion	2-19.2
$\zeta(z)$	Riemannsche Zetafunktion	2-19.3
$\mathrm{B}(z;w)$	Eulersche Betafunktion	2-19.4
$\mathrm{Ei}(x)$	Integralexponentialfunktion	2-19.5
$\Phi(x)$	Gaußsche Verteilungsfunktion	2-19.9
$\mathrm{erf}(x)$	Fehlerfunktion	2-19.9
$\mathrm{erfc}(x)$	komplementäre Fehlerfunktion	2-19.9

C Alternative Zeichen und Symbole

Die folgende Tabelle enthält alternative Schreibweisen für die mathematischen Zeichen und Symbole, die in den Tabellen der Anhänge A und B aufgelistet sind.

Tabelle C.1 Alternative Zeichen und Symbole

Zeichen, Symbole	**Name, Bedeutung**
$\{x \mid p(x)\}$, $\{x : p(x)\}$	Menge alle x, für die $p(x)$ wahr ist
$\|A\|$, $\mathrm{card}(A)$	Mächtigkeit der Menge A, Kardinalität der Menge A
$\{\,\}$, $\varnothing$	leere Menge
$a := b$, $a =_{\mathrm{def}} b$, $a \stackrel{\mathrm{def}}{=} b$	a ist definitionsgemäß gleich b
$a \cdot b$, $a \times b$, ab	a mal b
$\frac{a}{b}$, a/b, $a:b$	a durch b
$\sqrt{a}$, $a^{1/2}$	Quadratwurzel aus a, a hoch einhalb
$\sqrt[n]{a}$, $a^{1/n}$	n-te Wurzel aus a, a hoch eins durch n
$\|a\|$, $\mathrm{abs}(a)$	a Betrag
$f : x \mapsto y$, $x \stackrel{f}{\longmapsto} y$	f bildet x auf y ab
$\lim\limits_{x \to a} f(x)$, $\lim_{x \to a} f(x)$	Limes x gegen a von $f(x)$

Tabelle C.1 Alternative Zeichen und Symbole (Fortsetzung)

Zeichen, Symbole	Name, Bedeutung
$\frac{\mathrm{d}f(x)}{\mathrm{d}x}, f'(x), Df(x)$	Ableitung von $f(x)$
$\left(\frac{\mathrm{d}f(x)}{\mathrm{d}x}\right)_{x=a}, f'(a), Df(a)$	Ableitung von $f(x)$ an der Stelle $x = a$
$\frac{\mathrm{d}^n f(x)}{\mathrm{d}x^n}, f^n(x), D^n f(x)$	n-te Ableitung von $f(x)$
$\frac{\partial f}{\partial x}, \partial_x f, f_x$	partielle Ableitung von f nach x
e^x, $\exp(x)$	e hoch x
i, j	imaginäre Einheit
$\overline{z}$, z^*	konjugiert komplexer Wert von z
$\vec{a}$, $\boldsymbol{a}$	Vektor $\vec{a}$
$\|\vec{a}\|$, $\|\|\boldsymbol{a}\|\|$	Betrag von $\vec{a}$, Norm von $\vec{a}$
$\vec{a} \cdot \vec{b}$, $(\boldsymbol{a}; \boldsymbol{b})$, $\left\langle \vec{a}; \vec{b} \right\rangle$	Skalarprodukt von $\vec{a}$ und $\vec{b}$
$\vec{\nabla}\varphi$, $\mathrm{grad}(\varphi)$	Gradient von φ
$\vec{\nabla} \cdot \vec{a}$, $\mathrm{div}(\vec{a})$	Divergenz von $\vec{a}$
$\vec{\nabla} \times \vec{a}$, $\mathrm{rot}(\vec{a})$	Rotation von $\vec{a}$
γ, C	Eulersche Konstante, Euler-Mascheroni-Konstante

Index

Alle **fett** gedruckten Seitenzahlen verweisen auf Seiten, auf denen eine Definition des jeweiligen Begriffs zu finden ist, während normal gedruckte Seitenzahlen auf Seiten verweisen, die eine Verwendung des jeweiligen Begriffs enthalten.